花生脱壳

机械化关键技术研究

谢焕雄 著

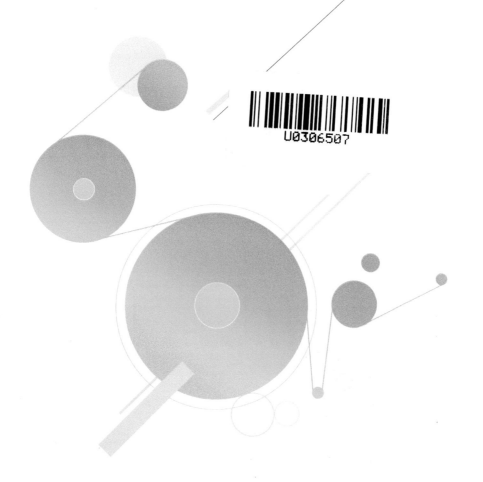

U0306507

中国农业科学技术出版社

图书在版编目（CIP）数据

花生脱壳机械化关键技术研究 / 谢焕雄著. —北京：中国农业科学
技术出版社，2020.4

ISBN 978-7-5116-4411-4

Ⅰ.①花… Ⅱ.①谢… Ⅲ.①花生—脱壳机—研究 Ⅳ.①S226.4

中国版本图书馆 CIP 数据核字（2019）第 208508 号

责任编辑　姚　欢
责任校对　贾海霞

出 版 者	中国农业科学技术出版社
	北京市中关村南大街12号　　邮编：100081
电　　话	（010）82109708（编辑室）　（010）82109702（发行部）
	（010）82109709（读者服务部）
传　　真	（010）82106650
网　　址	http://www.CASTP.cn
经 销 者	各地新华书店
印 刷 者	北京建宏印刷有限公司
开　　本	710mm×1 000mm　1/16
印　　张	6
字　　数	210千字
版　　次	2020年4月第1版　　2020年4月第1次印刷
定　　价	88.00元

花生是中国最具国际竞争力的优质优势油料作物，根据联合国粮食及农业组织（FAO）统计，2017年中国花生种植面积为462.79万hm²、总产量为1715.10万t，中国花生收获面积位列世界第二，产量位列世界第一，总产约占全球总产量的40%，在全球具有举足轻重的地位。近年来，随着中国农业供给侧结构性改革持续深入开展，花生种植面积有较大幅度增加。

中国花生生产机械研发始于20世纪60年代，经过半个世纪努力，在花生种植、收获、加工等环节上均开发出了系列化产品，但在种植、收获、脱壳、干燥环节的机械性能和质量还不能完全满足生产要求。同时，随着中国农村青壮年劳动力转移趋势加剧，农村劳动力结构性、季节性短缺等问题日益突出，产区农民对发展花生机械化的呼声越来越高，各生产环节机械化水平的持续提升将为中国花生产业稳定健康发展发挥重要支撑作用。

本书从花生产后初加工机械化最急需解决的关键技术之一——脱壳机械化研究入手，对国内外花生生产、生产机械化概况以及国内外脱壳机械化概况与发展进行了详细地阐述；介绍了与脱壳机械化生产相关的国内外花生品种概况，并对花生荚果、籽仁的物理特性进行了定量、定性分析与研究；详细叙述了花生脱壳的主要方式及工作原理，介绍了目前市场上几种常见的以打击揉搓式、磨盘式为主的两种花生脱壳装备，并对打击揉搓式脱壳技术的主要技术难点进行分析和探讨；着重阐述了制约花生脱壳作业质量的影响因素，并以打击揉搓式花生脱壳设备为研究对象，对农业农村部南京农业机械化研究所自主研发的打击揉搓式花生脱壳设备6BH-600花生脱壳机开展了试验研究，并进行了参数优化设计；详细阐述了中国种用花生供种特点及脱壳要求，基于种用花生机械化脱壳现状及存在问题，提出了种用花生机械化脱壳技术路线，并开展了小型种用花生机械化脱壳技术装备设计与试验。

本书著者长期致力于农产品产后初加工等技术研究与设备研发工作，现任中国农业科学院主要粮经作物初加工装备创新团队首席、国家花生产业技术体系产后加工机械化岗位专家、农业部南方种子加工工程技术中心主任、江苏省粮食干燥装备产业技术创新战略联盟秘书长，具有丰富的理论知识和实践经验。本书是著者及其团队成员近年来在花生脱壳机械化技术领域深入研究和对相关文献进行系统归纳总结基础上形成的，可为科研、教学以及相关农业技术人员提供参考。

本书的完成得到了农业农村部南京农业机械化研究所各位所领导和农产品收获与产后加工工程技术研究中心全体同仁的鼎力支持与无私帮助，在此向他们致以崇高的敬意和真诚的感谢！由于著者水平有限，书中难免有不妥之处，敬请广大读者不吝指正。

著 者

2019年12月1日

目 录

1 国内外花生生产机械化技术概况

1.1 花生产业概况

1.1.1 全球花生生产概况

花生是世界四大油料作物之一。根据联合国粮食及农业组织（FAO）统计，2017年全球花生收获面积2796.02万hm²、总产量为4715.56万t，2008—2017年全球花生收获面积、产量数据如图1-1所示。

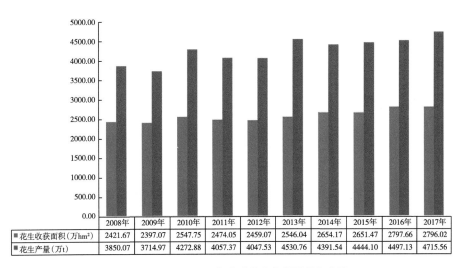

	2008年	2009年	2010年	2011年	2012年	2013年	2014年	2015年	2016年	2017年
花生收获面积(万hm²)	2421.67	2397.07	2547.75	2474.05	2459.07	2546.04	2654.17	2651.47	2797.66	2796.02
花生产量(万t)	3850.07	3714.97	4272.88	4057.37	4047.53	4530.76	4391.54	4444.10	4497.13	4715.56

图1-1 2008—2017年全球花生收获面积和产量

数据来源：联合国粮食及农业组织（FAO）

2017年，全球花生收获面积和产量排名前十的国家如图1-2和图1-3所示。由图可知，全球花生种植主要集中在亚洲、非洲、南美洲等一些欠发达国家，而西方发达国家中仅有美国等少数国家规模化种植花生，且种植面积在世界种植面积中的占比很小。欧洲国家、日本和韩国均少有花生规模化种植，也未见其有相关的花生收获技术与装备研发报道。

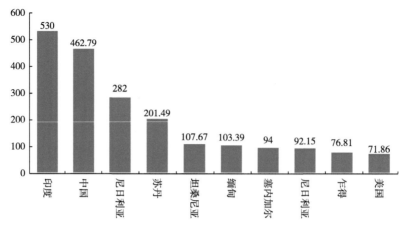

图1-2　2017年世界花生收获面积排名（单位：万hm²）

数据来源：联合国粮食及农业组织（FAO）

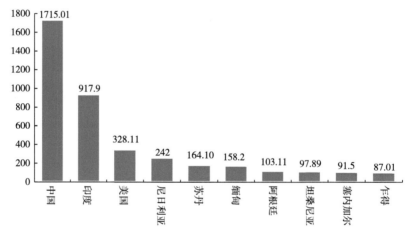

图1-3　2017年世界花生收获总产量排名（单位：万t）

数据来源：联合国粮食及农业组织（FAO）

1.1.2　中国花生生产概况

根据国家统计局统计，2008—2017年中国花生播种面积和产量如图1-4所示，2017年中国花生播种面积约460.77万hm²、总产量约1709.23万t，中国花生收获面积世界第二，产量世界第一，总产约占全球总产量的40%，在全球具有举足轻重的地位。

2017年中国花生播种面积和产量前十名省份的分布与数据分别如图1-5和图1-6所示。

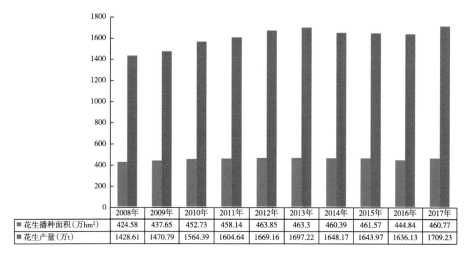

	2008年	2009年	2010年	2011年	2012年	2013年	2014年	2015年	2016年	2017年
■ 花生播种面积（万hm²）	424.58	437.65	452.73	458.14	463.85	463.3	460.39	461.57	444.84	460.77
■ 花生产量（万t）	1428.61	1470.79	1564.39	1604.64	1669.16	1697.22	1648.17	1643.97	1636.13	1709.23

图1-4 2008—2017年中国花生播种面积和产量

数据来源：国家统计局网站

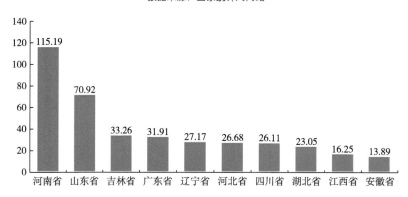

图1-5 2017年全国花生播种面积前十名省份（单位：万hm²）

数据来源：国家统计局网站

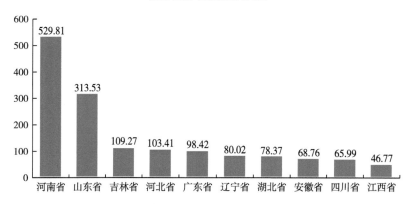

图1-6 2017年全国花生产量前十名省份（单位：万t）

数据来源：国家统计局网站

花生是中国最具国际竞争力的优质优势油料作物，随着中国农业供给侧结构性改革的推进，特别是玉米种植面积的宏观调减，花生种植面积预计将出现较大幅度的增加，中国花生产业在全球的重要性和影响力将进一步增强。

1.2 花生生产机械化技术概况

除了美国以外，发达国家鲜有花生规模化种植。美国花生生产机械化技术已较为成熟，其花生种植体系与机械化生产系统高度融合，种植、收获、脱壳等各个环节均已全面实现机械化。

1.2.1 花生种植机械化概况

（1）美国花生种植机械化技术

美国花生主要集中种植在佐治亚、阿拉巴马、佛罗里达、得克萨斯等南部地区，这些地区多为沙质土壤、雨量充沛、无霜期长，自然条件优越，适宜花生种植。为了实现优质高产，美国花生种植多为一年一熟轮作制，多采用大型机械进行单粒精量直播，且种子全部经过严格分级加工处理，并采用杀菌剂和杀虫剂包衣。风沙地条件下，为防止风蚀，常采取免耕播种作业，多采用气吸式或指夹式精量排种器，以降低伤种率，保证发芽率和种群数。

（2）中国花生种植机械化技术

中国早期的花生播种机为人畜力播种机，结构简单、重量轻、制造成本低，一次播一行，功能单一，目前在丘陵山地或中小地块亦有应用。20世纪80年代，中国开始研制以拖拉机为动力的花生播种机，可以完成开沟、播种、覆土等作业，一次播种2行或4行，是目前普遍应用的一类花生播种机。20世纪80年代中后期，国内开发出了可一次性完成起垄、整畦、播种、覆膜、打孔、施肥、喷除草剂等作业的花生多功能复式播种机，在花生产区得到了广泛应用。

各类不同机具投放市场，尤其是多功能花生覆膜播种机的成功应用，有效减少了播种劳动强度，提高了生产效率，也进一步提升了中国花生播种的机械化水平。统计资料表明，2017年中国花生机械化播种水平达50.04%。

近年来，根据中国花生产业发展新需求，农业农村部南京农业机械化研究所创新研发出了全量秸秆硬茬地高质顺畅花生播种机、垄作覆膜免放苗播种机等几种新型花生播种设备。研发的可一次性完成碎秸清秸、捡拾输送、跨越移位、施肥播种、播后覆秸等功能的全量秸秆麦茬地花生播种机，有效解决了茬口衔接、挂草壅堵、架种、晾种等问题，目前相关技术已在主产区获得推广应用。研发的可一次性完成起垄、施肥、覆膜、播种、覆土等功能的花生垄作覆膜免放苗播种机，有效解决了人工破膜放苗作业用工量大、劳动强度大等问题。

1.2.2　花生收获机械化概况

（1）美国花生收获机械化技术

收获前多通过专业手段确定最佳收获期。具体方法为：从田间随机拔起几株花生秧果，用高压水枪将花生荚果（秕果除外）上的泥土冲干净，置于空气中，在氧化作用下，不同成熟度的花生荚果果壳发生褐变的程度不同，将褐变的花生与先期制作好的色板进行颜色比对，根据颜色分布比例，确定最佳收获期，保证综合效益最大化。

美国花生采用两段式收获方式。收获日期确定后，先采用挖掘收获机将花生挖掘、清土、翻倒，将花生荚果暴露在最上端使其快速干燥，自然晾晒3～5天后，含水率降至20%左右，再采用牵引式或自走式捡拾联合收获机进行捡拾摘果作业。收获后的荚果直接卸入设有通风接口和管道的干燥车内，花生果秧通过收获机上装有的打散装置抛撒于田间，直接还田培肥，或通过捡拾打捆机收集，用作畜牧业饲料。

（2）中国花生收获机械化技术

中国花生收获作业用工量占整个花生生产过程的1/3以上，作业成本占整个生产成本的50%左右，是花生机械化的发展重点和难点。花生机械化收获方式主要有分段式收获、两段式收获和联合收获3种。分段式收获即由多种不同设备分别（段）完成挖掘、清土、摘果、清选等收获作业，分段式收获设备通常包括挖掘犁、挖掘收获机、摘果机等；两段式收获是指由花生挖掘收获机完成挖掘、清土和铺放，晾晒后再由捡拾联合收获机完成捡拾、摘果、清选、集果等作业；联合收获是指由一台设备一次性完成挖掘、清土、摘果、清选、集果和秧蔓处理等作业，是当前集成度最高的花生机械化收获技术。

近年来，国内已有不少科研单位、高校和生产企业对花生收获关键技术及装备进行了联合攻关，研制生产了多种类型的花生收获机械。但由于中国花生种植和收获技术研发起步晚、投入少、制约因素多、难度大，造成中国花生机械化收获水平仍然较低，统计资料表明，2017年中国花生机收水平为39.72%。

花生挖掘收获机是现阶段中国花生生产中应用较多的设备，按结构形式不同，大体可分为3种：挖掘铲与升运杆组合而成的铲链组合式花生收获机，挖掘铲与振动筛组合而成的铲筛组合式花生收获机和挖掘铲与夹持输送链（带）组合而成的铲拔组合条铺式花生收获机。

花生摘果机根据喂入方式不同可分为全喂入式和半喂入式2种，全喂入式花生摘果机主要用于晾晒后的花生摘果作业，在中国豫、鲁、冀、东北等主产区应用普遍；半喂入式花生摘果机主要用于鲜湿花生摘果作业，在中国南方丘陵山区小田块及小区育种上已获应用。

花生捡拾联合收获机按照动力配置方式不同可分为自走式、牵引式和背负式3种，目前3种形式的捡拾联合收获机均处于量产阶段，总体技术趋于成熟，发展速度和发展趋势较好，已成为中国花生收获机市场的主要机型之一。

花生联合收获机按照喂入方式不同可分为半喂入式和全喂入式2种。半喂入两行花生联合收获机目前技术已经成熟，多款产品已进入了购机补贴目录，并在主产区得到普遍应用；全喂入式花生联合收获机目前已经在不少企业得到生产应用，但还存在高破损率和高损失率的问题。

农业农村部南京农业机械化研究所作为国家花生产业技术体系机械研究室依托单位，近年来围绕半喂入联合收获技术和全喂入捡拾联合收获技术开展了大量研发工作。研发的4HLB-2半喂入式花生联合收获机连续多年被农业农村部列为农业主推技术，现已成为国内花生收获机械市场的主体和主导产品；研发的半喂入四行联合收获机整体技术性能已经成熟，目前已在山东省临沭县东泰机械有限公司进行产品化设计和产业化开发；研发的八行自走式捡拾联合收获机和四行牵引式捡拾联合收获机整体技术已趋于成熟，下一步将进入小批生产和推广应用阶段。农业农村部南京农业机械化研究所的研发成果"花生收获机械化关键技术与装备"荣获2015年度国家技术发明奖二等奖，其"农作物收获与产后加工创新团队"荣获2013年度中华农业科技奖优秀创新团队奖。

1.2.3 花生产后加工机械化概况

花生产后初加工是花生收获后减损提质的重要途径，主要包括收获后干燥、清选分级、脱壳及种子加工处理等。产后加工技术的发展，对花生增收起到重要作用，也左右着花生产业的发展态势，对中国花生生产影响深远。

干燥是花生产后初加工的首要和重要环节，是保证花生品质与防止霉变的必要手段，而且合理的干燥工艺对花生品质至关重要。长期以来，中国花生产地干燥主要依靠人工翻晒的自然干燥方法，干燥周期长，对天气状况依赖较大。随着花生收获机械化水平不断推进，花生收获日趋集中，晒场资源已越显不足，传统干燥方法已逐渐不能满足花生及时干燥的需求，尤其是鲜摘收获后的高湿花生荚果的适时干燥问题更是突出，解决难度大。而在花生产地干燥方面，目前国内尚无经济适用、国产化成熟的花生专用机械化干燥设备。为此，中国一些地区采用了一些兼用型干燥设备干燥花生。受花生荚果几何尺寸、颗粒重量、生物特性等因素限制，可用于花生荚果干燥的设备主要有回转圆筒式干燥机、固定床或翻板式箱式干燥机、就仓通风干燥设施等形式。

脱壳是花生产后加工的主要环节。目前，中国市场上现有脱壳设备均为油用食用花生脱壳设备，包括无复脱小型脱壳机、有复脱的小中型脱壳机、带有去石装置的大型花生脱壳机组等，尚无种用花生脱壳专用的脱壳设备。目前市场广为应用的多为以旋转打杆与凹板筛组合的打击揉搓式花生脱壳设备，存在籽仁破损率高、脱净率低、可靠性和适应性差等问题。近年中国花生脱壳技术研究主要集中在降低单机破损率、提高设备适应性方面，在全面系统的脱壳技术方面研究相对较少，缺乏机械化脱壳工艺路线。

中国花生种子包衣大多仍以人工作业或使用简单的包衣设备为主，大型成套的工厂化种子包衣设备应用较少。相对于播种等环节，花生种子包衣的机械化水平仍较低，作业简单粗放、效率低，作业过程中存在农药中毒等安全隐患。中国种子包衣设备主要有批次式（滚筒型、回转釜型）和连续式两种。

花生清选是根据花生与混杂物以及虫蛀、变质果实间的物理特性差异，将完好花生从中分离的过程；花生分级则是将清选后的花生按照外形尺寸差异分为若干等级。花生经过清选分级，最终获得无混杂物、无污染、大小相近、规格统一的花生荚果、籽仁，以便花生脱壳或加工生产高质量的花生制品。花生清选、分级设备主要有：初清机、带式清选机、色选机，以及滚筒式分级设备、平面振动分级机等。尽管市场上分级设备很多，但可满足花生荚果分级的专用设备还很少，特别是由于花生荚果外形歪歪扭扭、凹凸不平，因此国内市场上可适用于花生荚果专用分级设备还尤为缺乏。

近年来，农业农村部南京农业机械化研究所正致力于花生低损脱壳、花生种子包衣、花生荚果干燥、清选分级等花生产后初加工技术装备的研发工作，研制出了6BH-800型花生脱壳机、5BH-600型花生种子包衣机等相关设备，在多地进行试验和示范，取得了较好效果。目前，国内已有不少科研单位、高校和生产企业对花生产后加工机械关键技术及其装备进行攻关。

1.3 花生脱壳机械化技术概况

花生脱壳是将荚果去除果壳的过程，是花生产后加工的重要环节，也是影响花生籽仁及其制品品质和商品性的关键。花生机械化脱壳（尤其种用花生脱壳）籽仁损伤问题，是备受关注又尚未得到有效解决的难题。

1.3.1　国外花生脱壳机械化概况

全球花生种植主要集中在亚洲、非洲、南美洲的部分国家，发达国家中仅美国有规模化种植，且占世界比例较小。就全球花生生产机械化水平来看，世界花生生产大国印度、尼日利亚、印尼等国花生机械化程度较低，在花生加工技术装备方面尤为落后；美国花生生产机械化水平较高，在花生脱壳技术装备研究方面起步较早，在19世纪初期即有相关研究报道且有系列化产品在市场上获得应用。目前，美国花生脱壳已实现规模化、自动化的流水作业，收储、脱壳、精深加工等配套体系健全，其花生集中脱壳加工，且在脱壳前须按照美国农业部制定的花生质检和分级标准对花生收购点或者脱壳公司的花生荚果进行严格的水分检测、分级，并在脱壳前进行去石去杂等处理，以保证花生脱壳加工质量。

美国花生脱壳装备生产制造企业较少，但产品制造质量精良、系列化产品较多，其市场产品以LMC（Lewis M.Carter）公司生产的系列化脱壳设备为主，约占其国内市场份额的90%。该公司生产的5728、4604、3480系列脱壳机，生产率可分别达到7~9t/h、5~6t/h、2~3t/h，可满足不同规模加工需求，4604型花生脱壳机如图1-7所示。该公司的花生脱壳设备脱壳关键部件为旋转打杆与凹板筛组配式，其主要特点如下：采用多滚筒同时作业，可根据花生尺寸规格实现不同尺寸花生的变参数脱壳作业，提高设备作业性能；采用多个清选装置实现去杂及未脱花生大小分级，提高脱净率及清洁度；设备震动小，可靠性高。

该公司还设计研发了花生成套脱壳生产线，如图1-8所示。该生产线可一次完成花生原料初清、去石、脱壳、破碎种子清选等作业，且在生产线的最末端辅以人工选择以进一步剔除破碎花生籽仁，其作业参数可满足美国现有几个品种的食用花生脱壳技术需求，但整套设备价格昂贵，基础设施建设要求较高，且在降低破碎率方面还有很大提升空间。

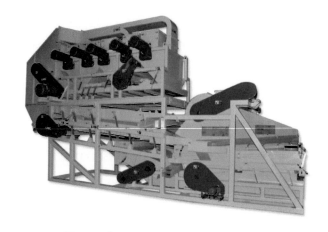

图1-7　美国LMC公司4604型花生脱壳机

图1-8　美国花生脱壳生产线

　　此外，在脱壳设备新技术研发方面，美国学者还进行了不同脱壳原理及脱壳结构形式的研究，并试制了相关样机。20世纪80年代初美国学者研制了一种脱壳机，它能够对物料按尺寸进行分级，在分级之后对尺寸相近荚果进行脱壳，以减小破损，提高脱壳质量；有学者尝试着用激光来逐个切割荚果，虽几乎能够达到100%的整仁率，但作业成本高、效率低，无推广价值；还有学者试图通过碰撞的机理来研制一种新型的花生脱壳机械；美国国家花生研究室（NPRL）的学者还尝试将花生脱壳装置与分段式收获设备组合进行田间收获、脱壳联合作业，但未见相关产品。

美国花生机械化脱壳技术及其产品虽然在高效化、系列化、自动化、成套化和精良化确实处于领先地位，但在降低破损率这一关键问题上亦未有实质性突破。

1.3.2 国内花生脱壳机械化概况

与美国相比，中国花生脱壳技术研发起步较晚，科研投入较少，基础理论研究缺乏，市场产品多为低水平重复。花生脱壳设备研发起步于20世纪60年代，主要用于油用、食用花生脱壳加工，且多为小型简易式花生脱壳设备，可实现花生脱壳及壳仁分离，其结构形式主要以旋转打杆式、动静磨盘式为主，其中旋转打杆式花生脱壳设备结构简单、价格便宜，市场上使用较为广泛。部分小型脱壳设备为提高脱净率设计了复脱装置，可实现未脱荚果二次复脱，常见小型花生脱壳设备结构形式如图1-9所示。

（a）无复脱脱壳机　　　　　　（b）复脱式脱壳机

图1-9　小型简易花生脱壳设备

自20世纪60年代以来，中国虽已有多种花生脱壳设备面世，但在脱壳技术研究方面一直没有大的突破，脱壳部件的研制仍处于20世纪90年代初的技术水平，在改善脱壳性能、有效降低破损等方面始终没有实质性突破。

近年来，随着花生规模化种植面积不断扩大，大规模集中脱壳加工企业（个体户或种植大户）日益增加，对高效、大型、高质量的花生脱壳设备，尤其是对种用花生脱壳设备的需求日趋迫切。制造企业应市场需求，在小型脱壳设备基础上改进生产了大型脱壳机组，且在一些批量花生加工企业中得到了一定程度的应用，该大型脱壳机组如图1-10所示。该类设备具有气力输送、脱壳、多级分选功能，可完成花生荚果提升、去石。脱壳、壳仁分离、破碎种子清选、复脱等作业，生产效率为1~8t/h，可满足集中规模化加工需求。此外，部分花生脱壳制造企业根据用户需求设计并建成了可一次完成花生初清、去石、脱壳、籽仁分级的花生脱壳生产线，可满足油用、食用花生高效加工需求，但难以满足种用花生脱壳技术要求。

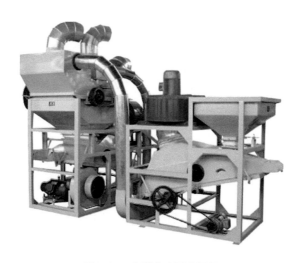

图1-10　大型花生脱壳机组

总体来看，国内市场现有花生脱壳技术与设备主要存在以下问题。

（1）作业质量较差，环境污染较大

市场现有花生脱壳设备脱壳破损率（据中华人民共和国机械行业标准JB/T 5688.2—2007《花生剥壳机技术条件》展开试验，其中破损率是指破碎率、损伤率之和）通常在10%左右，有些设备为达到较高生产率，采用高转速脱壳，破损率达20%~30%。脱壳作业以单机较多，缺乏除尘系统，脱壳过程中粉尘、细碎果壳对环境污染较大。

（2）适应性差

脱壳设备通常针对某一区域特定品种设计，更换品种作业质量差异悬殊，适应性差问题突出。

（3）技术低水平重复，创新较少

市场现有产品，尤其关键部件相互模仿，缺乏创新，低水平重复严重，不同厂家脱壳关键部件结构参数、运动参数差异不大，多数企业技术设备仍停留在20世纪90年代。

（4）制造质量差，可靠性差

部分脱壳机生产企业靠降质压价提升市场竞争力，设备制造质量差，导致作业过程故障频出，作业可靠性差。

针对上述问题，国内科研机构对花生脱壳设备开展技术攻关。相关学者开展了新型脱壳原理的脱壳试验研究，如气爆式和超声波式脱壳等非机械式花生脱壳，结果表明气爆式脱壳花生籽仁的破碎率虽小于1%，但其脱净率只有30%；超声波式脱壳装置结构简单，但生产效率低，难以满足生产需求。相关学者甚至利用微波技术和气体射流冲击技术进行脱壳的新方法，使荚果简便、快速、高效地脱壳，且不破坏籽仁外形，但这2种方法易使花生熟化，影响品质，市场上尚无相关产品。

总体来说，国内现有的花生脱壳设备仍未较好解决损伤率高、品种适应性差的问题，在种用花生脱壳设备方面成熟设备较少。国内一般采用花生脱壳设备剥出的花生仁，满足不了作种子和外贸出口的要求，只能用于榨油和食用。而用于种子和较长期贮存的花生仁到现在为止大多仍采用手工剥壳；出口的花生仁除了采用机械脱壳外，还需要人工进行分选。而手工剥壳不但劳动强度大、加工成本高，而且效率非常低下。因此，降低花生脱壳破损率、提升脱壳设备品种适应性、破解种用花生脱壳技术装备难题，仍是当前中国花生脱壳设备研发的主攻方向。

近年来，农业农村部南京农业机械化研究所正致力于种用花生脱壳、花生种子包衣、花生荚果干燥、分级等花生产后初加工技术装备试验与研发工作，研制出了6BH-800型花生脱壳机、5BH-600型花生种子包衣机及花生种子带式清选、荚果分级等相关配套设备，并进行技术研发集成，集成了花生种子加工成套技术装备，连续多年召集山东、山西等省的重点龙头企业及种植大户进行了生产性试验和示范，试验表明，其破损率、脱净率等明显优于同类设备。

目前，国内已有不少科研单位、高校和生产企业对花生产后加工机械关键技术及其装备进行攻关，研制生产了不少的产后加工机械，中国部分花生产后加工机械生产/销售企业、产品及其相关技术参数见表1-1。

表1-1　中国部分花生产后加工机械生产/销售企业、产品及其技术参数

序号	产品	厂家	主要技术参数
1	6HB系列花生果脱壳机	青岛枫林食品机械有限公司	6HB-1000型：外形尺寸1000mm×550mm×1250mm；功率2.2kW；生产量500kg/h 6HB-4000型：外形尺寸4900mm×2300mm×2500mm；功率13.5kW；生产量2000kg/h 6HB-5000型：外形尺寸5500mm×2700mm×2800mm；功率20kW；生产量2500kg/h
2	LY-18000型环保花生剥壳机组	山东烟台令元花生机械有限公司	生产量6000kg/h；脱净率≥99.5%；破碎率≤2%；损失率≤0.2%；剥壳机功率24.5kW、去石机功率9.5kW；机重1950kg
3	6BHZF-6000花生去杂（风运）剥壳机	河南新乡获嘉县瑞锋机械有限公司	外形尺寸3750mm×4500mm×3530mm；生产量≥6000kg/h；仁中含果率≤0.6%；仁中含杂率≤0.4%；破碎率≤3%；损失率≤0.5%；损伤率≤2.8%
4	6BH-4500A型花生剥壳机	河南新乡获嘉县瑞锋机械有限公司	外形尺寸3010mm×1360mm×2820mm；生产量≥4500kg/h；脱净率≥98%；破碎率≤3.8%；损失率≤0.5%；损伤率3%；机重1160kg
5	6BHX系列花生剥壳机	获嘉中兴（锦峰）机械有限公司	6BHX-6000A型：配用功率23kW（风送式）、21.6kW（斜坡式）；花生果产量4000～5000kg/h；重量1200kg；外形尺寸2610mm×1500mm×2450mm；脱净率≥99%；洁净率≥99%；破损率≤4%；损失率≤0.4% 6BHX-15000型：配用功率31.5kW（风送式）、30.1kW（斜坡式）；生产量6000～8000kg/h；重量1400kg；外形尺寸2750mm×1550mm×2650mm；脱净率≥99%；洁净率≥99%；破损率≤4%；损失率≤0.4%

1.3.3　中国花生脱壳机械化技术发展方向

（1）提高通用性和适应性是花生脱壳机今后的研究重点

中国各地经济水平差异较大，区域性发展不平衡。目前，国内许多

花生脱壳机受花生品种、区域性生长环境限制，大多用于经济发达地区与示范推广区，并且小型设备多，大型设备少，低档设备多，高性能设备少，存在通用性、兼容性和适应性差等问题。因此，通过更换主要部件使其能够同时对其他带壳物料进行脱壳加工，提高花生脱壳机械的通用性和兼容性是国内今后一段时间的研究重点；通过更换主要工作部件不仅要能满足不同坚果脱壳作业需要的脱壳机具，而且要提高制造工艺水平，降低制造成本，以适应不同加工企业的需要。国内花生脱壳机械能否适应这种发展方向，将直接影响到花生脱壳机械能否更好地推广应用与健康发展。

（2）优化脱壳部件结构，提高设备脱壳率，降低破损率

自从加入世界贸易组织以来，中国花生脱壳机的研发应用日渐增多，生产厂家多、机型多，但现设备还不完善、不成熟，制造成本高，存在性能不稳定、脱壳率低以及破损率高等问题，直接影响到花生脱壳技术与设备的推广应用与健康发展。

因此，针对国内花生脱壳机在生产应用中存在的破损率大、脱壳率低等优缺点，研究新的脱壳机理，优化脱壳部件结构，提升关键技术；改进完善花生脱壳机整体配置，进一步提高脱壳率，降低花生籽仁破损率。

（3）学习借鉴国内外先进经验，实现脱壳机械化和自动化

目前，国内大多数脱壳机仍依赖人工喂料或定位来实现脱壳，影响了脱壳速度和作业质量。因此，在充分了解国内外花生脱壳技术与设备最新动态的基础上，及时引进并学习借鉴国内外先进技术和经验，加速花生脱壳技术与设备的研发应用；通过机电一体化手段，开发设计自动喂料、自动定位脱壳装置，保证均匀喂料与有效定位，实现花生脱壳技术与设备的机械化和自动化，进一步提高作业精确性和作业速度，提高产品质量与生产率，满足部分大、中型加工企业的需要，以开拓国内和国外市场。

（4）不断研发应用新技术原理、新结构材料、新工艺

随着液压技术、电子技术、控制技术以及化工、冶金工业的发展，

许多复杂的机械机构、动力传递、笨重的材料和落后的工艺将逐渐被取代。减轻重量、减少阻力、简化操作、减少辅助工作时间、延长使用寿命、降低劳动使用费用等将作为主要设计目标，应用于脱壳机械的设计制造。随着国内外高新技术的进一步发展，如何将这些高新技术更好地应用到实际生产中，也是目前花生脱壳机械需要尽快解决的问题。加强花生脱壳加工工艺和脱壳机理研究，在对不同脱壳工艺和不同脱壳机理进行系统比较研究的基础上，不断研发应用新技术原理、新结构材料、新工艺，为开发新型花生脱壳设备奠定理论基础。

（5）加大政策扶持力度，研发新型花生脱壳设备

中国花生脱壳技术与设备正处于发展提高阶段，应加大政策扶持力度，从国内实际情况出发，研制出适合中国国情的新型花生脱壳技术与设备，进一步提高花生脱壳技术与设备产品的实用性、可靠性和经济性，实现花生脱壳技术与设备又好又快发展。

2 花生生物与物理特性

花生的果壳质构与厚度、荚果果壳—籽仁间隙、荚果与籽仁外形尺寸及其力学特性等都与花生荚果机械脱壳时脱净率和籽仁损伤率密切相关，因此花生物理特性对其机械脱壳装备研发设计有重要影响。在设计花生脱壳机械时，需要对与机械化脱壳相关的花生物理特性进行定量、定性分析与研究。本章从中国主要花生品种概况入手，开展与花生脱壳相关的物理特性研究，为花生脱壳设备结构形式与参数的设计及关键部件材质的选用提供依据与参考。

2.1 国内花生品种概况

花生在中国各地都有种植，主要分布于河南、山东、吉林、广东、辽宁、河北、四川、湖北、广西[*]、江西、江苏、安徽、福建等省（区）。根据花生品种类型的农艺学综合性状，中国花生主要分两大类群4个类型8个品种群，品种繁多，而且随着花生育种技术的不断进步，花生品种也在不断增加。当前各主产区大面积推广的花生品种为鲁花系列、豫花系列等。花生荚果和籽仁尺寸大小也因品种而异，中国目前种植的多为大果花生，尤其是山东、河南、河北等主产区，而中、小果花生在长江中下游和南部一些地区也有大面积种植。国内各主产区花生主推品种见表2-1。

---

* 广西壮族自治区，全书简称广西。

表2-1　各主产区花生主推品种

花生种植区	主推品种
河南	豫花、开农等系列
山东	鲁花、花育等系列
吉林	四粒红、白沙系列
广东	粤油、汕油等系列
辽宁	四粒红、阜花等系列
河北	冀花、唐油等系列
四川	天府系列
湖北	中花、鄂花等系列
江西	赣花系列
安徽	皖花系列

2.2　花生荚果物理特性

2.2.1　荚果形状

花生果实为荚果，荚果形状、大小因品种而异，有普通形、斧头形、葫芦形、蜂腰型、茧形、串珠形等形状，如图2-1所示。普通形荚果，果壳一般较厚，果壳与籽仁间隙较大，典型的双仁荚果；茧形或葫芦形的珍珠豆荚果，果壳较薄，果壳与籽仁间隙较小，荚果也多为双仁荚果，籽仁多为小粒或中小粒；串珠形荚果以多粒为主，果壳较厚，籽仁表面光滑。

　普通形　　斧头形　　葫芦形　　蜂腰形　　茧形　　曲棍形　　串珠形

图2-1　花生荚果果形

中国黄淮海花生主产区如山东、河南、河北、安徽、江苏5个省主要花生推广品种以普通形、茧形和葫芦形为主；东北产区以串珠形和普通形为主；长江流域产区的湖北省等以斧头形为主；华南产区的福建省以茧形为主，广东、湖南、广西、江西等主要为茧形或葫芦形的珍珠豆型品种。外形规整、尺寸分布均匀的串珠形、普通形和茧形荚果较其他形状的荚果更有利于花生机械脱壳作业。

2.2.2　荚果几何尺寸

花生荚果几何尺寸是设计脱壳设备关键部件参数的重要依据，如凹板筛栅条尺寸和脱壳滚筒与凹板筛间隙的选取，因此脱壳前对荚果几何尺寸需进行很详细系统的测量与数理统计分析。以常见品种白沙、四粒红为试验物料，通过游标卡尺测量物料几何尺寸，并用Pasw软件对测量结果进行频数统计分析，对试验物料物理特征分布进行归纳，以便为后续优化脱壳工艺（脱壳前对荚果是否需要分级、调湿处理）与选取设备参数做准备。

（1）花生脱壳相关的数理统计量

基本统计分析往往从频数分析开始。通过频数分析能够了解变量取值的状况，对把握数据的分布特征非常有用，本试验主要对花生外形尺寸等物理特性进行频数统计分析。

Pasw中的频数分布表包括以下参数。

均值（Mean）：指某个变量所有取值的集中趋势或平均水平。

中位数（Median）：指将总体数据的各个数值按大小顺序排列，居于中间位置的变量。

众数（Mode）：指总体数据中出现次数最多的变量。

全距（Range）：又称极差，指数据的最大值与最小值之间的绝对差，借以表明总体标志值最大可能的差异范围。全距越长，说明数据越离散；反之，数据越集中。

方差（Variance）：指总体所有变量值与其算术平均数偏差平方的平均值，它表示了一组数据分布的离散程度的平均值。

标准差（Standard Deviation）：指方差的平方根，它表示了一组数据关于平均数的平均离散程度。

峰度（Kurtosis）：指描述总体中所有取值分布形态陡缓程度的统计量，峰度的绝对值越大表示其分布形态的陡缓程度与正态分布的差异程度越大。

偏度（Skewness）：与峰度类似，它也是描述数据分布形态的统计量，其描述的是某总体取值分布的对称性，偏度的绝对值数值越大表示其分布形态的偏斜程度越大。

百分位数即将一组数据由小到大（或由大到小）排序后分割为100等份，与99个分割点位置上相对应的数值称为百分位数，分别记为P1，P2，…，P99，表示1%的数据落在P1下，2%的数据落在P2下，…，99%落在P99下。通过百分位数可大体看出总体数据在哪个区间内更为集中，即它在一定程度上反映数据的分布情况。

频数分析的第二个基本任务是绘制统计图。统计图是一种最为直接的数据刻画方式，能够非常清晰直观地展示变量的取值状况。Pasw软件可方便、快捷、系统地对数据进行频率等分析，这些分析结果有助于我们了解数据的分别特征。

（2）花生荚果几何尺寸统计结果与分析

白沙、四粒红花生荚果物理特性参数统计分析结果如表2-2、图2-2所示。

表2-2　白沙、四粒红花生荚果几何尺寸统计分析结果

项目	白沙			四粒红		
	长	宽	厚	长	宽	厚
统计量/个	26	52	46	48	48	48
均值/mm	31.48	12.37	12.39	39.81	13.13	13.22
均值的标准误	0.91	0.21	0.14	1.06	0.11	0.10
中值/mm	31.84	12.27	12.24	40.70	13.07	13.28
众数/mm	21.00	10.60	12.00	40.70	12.90	13.60
标准差	4.62	1.52	0.96	7.38	0.74	0.72
方差	21.38	2.30	0.91	54.43	0.55	0.51

项目	白沙			四粒红		
	长	宽	厚	长	宽	厚
偏度	-0.33	0.52	0.40	-1.16	0.44	0.05
峰度	0.46	0.33	0.35	0.34	0.34	0.34
偏度的标准误	0.92	-0.40	-0.53	2.60	0.30	0.34
峰度的标准误	0.89	0.65	0.69	0.67	0.67	0.67
全距/mm	20.98	6.22	3.74	40.64	3.36	3.40
极小值/mm	12.00	8.00	8.40	13.10	11.44	11.60
极大值/mm	41.98	16.22	14.36	53.74	14.80	15.00
和/mm	818.38	643.36	570.02	1910.94	630.30	634.38
百分位数2.5	21.09	10.06	10.82	21.02	11.78	11.81
10	26.12	10.61	11.38	30.19	12.23	12.22
20	28.14	10.97	11.55	35.27	12.63	12.71
25	29.66	11.05	11.68	35.85	12.73	12.79
30	29.74	11.10	11.80	36.30	12.80	12.88
40	31.52	11.78	12.00	39.11	12.90	13.08
50	31.84	12.27	12.24	40.70	13.07	13.28
60	32.61	12.72	12.52	42.34	13.23	13.42
70	33.25	13.26	12.81	44.23	13.31	13.59
75	34.14	13.39	13.10	44.81	13.45	13.67
80	34.62	13.58	13.18	46.46	13.61	13.74
90	36.88	14.49	13.88	47.88	14.50	13.98
97.5	41.37	15.71	14.32	50.38	14.71	14.93

　　从外观及统计结果可知，白沙花生外形不规则且大小存在差异。从图2-2中的直方图中可以直观看出，所测花生6个参数的高峰值，其荚果外形尺寸分布比较分散，其中荚果长集中在30～35mm，宽为10～14mm，厚为11.3～14mm，果壳平均厚度范围为0.5～1.3mm，平均为0.94mm；四粒红花生外形较白沙规则，所测四粒红花生6个参数的高峰值，荚果外形尺寸分布比较集中，其中荚果长集中在33.3～50mm，

宽为12～14mm，厚为12～14mm，果壳平均厚度范围为0.8～1.7mm，平均为1.28mm。

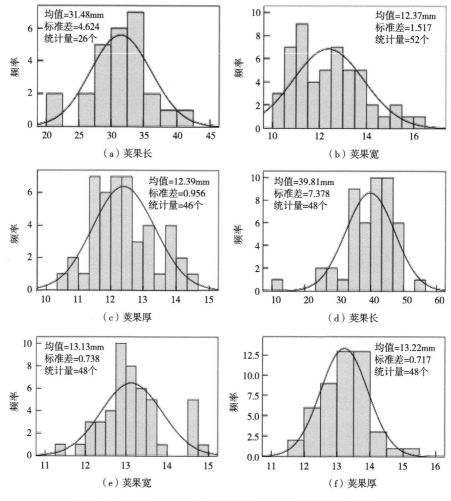

图2-2　白沙（a、b、c）、四粒红（d、e、f）花生物理特性

由白沙和四粒红花生荚果的外形几何尺寸统计结果可知，其几何尺寸因花生品种而异，在脱壳作业时，既要保证荚果不能通过凹板筛，又要使籽仁顺利通过凹板筛，因此需根据物料具体尺寸选择相应的凹板筛等。为获得更高的脱壳质量，针对白沙等外形尺寸分布不均匀的花生品种，脱壳前可采取荚果分级等预处理措施，且根据物料几何尺寸统计结果最终来确定分级情况。

2.2.3 果壳质构

花生壳主要成分为粗纤维，含量65.7%～79.3%，还有粗蛋白、粗脂肪、糖类、矿物质等，壳面呈现纵向网纹，果壳厚度因品种而异，珍珠豆型品种较薄，普通型较厚，一般为大果对应厚果壳，小果对应薄果壳。不同花生品种的花生果壳组织成分含量不同、果壳干物质的密度不同、果壳厚度不同、抗压性也不同，主要影响花生机械脱壳的脱净率，关系着脱壳部件速度及风选参数的选取，果壳干物质的密度越小，结构越松散，容易剥壳，脱净率高。不同花生品种果壳的力学特性如图2-3所示。

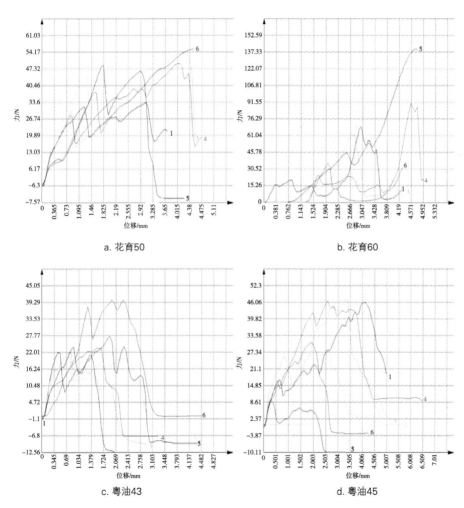

图2-3　不同花生品种果壳力学特性

2.2.4 荚果果壳—籽仁间隙

荚果果壳—籽仁间隙因品种而异，间隙大小主要影响花生机械脱壳的籽仁破损率，间隙越大，机械脱壳时籽仁破损率越低。由上述荚果和籽仁尺寸分析也可知，有的花生品种荚果几何尺寸大，但籽仁尺寸小，在进行机械脱壳时，因果壳的缓冲作用，籽仁不易受到破损，从而破损率低。并且一般发育良好，籽仁充实饱满的荚果，荚果果壳与籽仁间隙越小，一般出仁率（籽仁重占荚果重的百分比）高，大花生的出仁率多在66%~71%，小花生出仁率大多高于73%。部分花生品种果壳—籽仁间隙见表2-3。

表2-3　部分花生品种果壳—籽仁间隙 （单位：mm）

品种	宽度间隙	厚度间隙
花育20	1.6	1.8
花育50	2.8	2.6
花育60	2.3	1.9
花育917	2.4	2.9
粤油1822	2.6	2.6
粤油1826	1.7	2.6

2.2.5 荚果滑动摩擦角

花生脱壳设备的进料斗下端一般设计为锥形，为使花生荚果顺利进入脱壳滚筒，进料斗锥形部位的角度需大于花生荚果在其上的滑动摩擦角，并且在振动鱼鳞筛倾角和频率的设计除根据试验经验以外，还需了解荚果和籽仁的滑动摩擦角，理论上振动筛倾角需保证籽仁不滑落，荚果可滑落，才能使得未脱净的荚果顺利下落，已脱出的籽仁顺利向上输送至出料口，实现荚果籽仁顺利分离。因料斗材料一般采用Q235钢板，可利用斜面仪（图2-4）测量花生荚果在钢板上的滑动摩擦角。具体方法如下：先将待测定的花生使用胶带粘贴然后放置在测试板上，然后转动摇把使测试面倾角缓慢增大，当花生荚果沿测试面开始下滑时停止转动摇把，保持测试板倾角不变并使用量角器测量出测试板倾角。试验分别选择白沙和四粒红进行试验，且每个品种重复测试5次，并计算取其平均值，结果如表2-4所示。

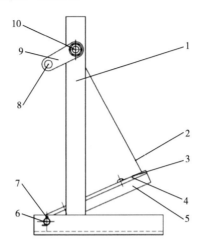

1.支架；2.提升绳；3.紧固螺钉；4.测试板；5.安装架；6.铰接；
7.底座；8.摇把；9.摇臂；10.提升轴

图2-4 斜面仪结构

表2-4 花生荚果滑动摩擦角测量结果 （单位：°）

品种	滑动摩擦角					测量平均值
	测试1	测试2	测试3	测试4	测试5	
白沙	21	23	24	22	22	22.4
四粒红	20	21	19	21	20	20.2

由测量结果可知，四粒红花生较白沙花生外表更光滑，脱壳料斗下端锥形角度需大于荚果的滑动摩擦角，一般设计为大于30°～45°。

2.2.6 荚果力学特性

利用力学分析，可以揭示出不同花生品种、受压部位、加载速率、含水率及硫酸预处理对荚果破壳力的影响，从而综合确定花生哪些特性参数影响脱壳设备的脱壳指标，以期为后期花生机械脱壳研究与开发先进适用的花生脱壳设备奠定基础。

2.2.6.1　试验物料

在不同花生品种力学特性比较试验研究中，选用种植面积较大的白沙与四粒红为试验物料；研究不同荚果含水率、加载速率、硫酸预处理对荚果破壳力的影响时，由于一个品种花生即可观察到这三方面对花生力学特性影响情况，因此针对白沙花生进行此方面的试验；荚果含水率对破壳力影响试验中，荚果需进行不同比例的调湿处理，其他试验均选用自然晒干的物料，白沙荚果自然晒干含水率为7.43%，四粒红为7.55%。

2.2.6.2　试验设备

主要利用游标卡尺测量白沙、四粒红花生的外形尺寸等物理特性，用长春科新试验仪器有限公司制造的WDW-200型微机控制电子万能试验机，对花生荚果进行受压试验；利用DGF30/7-IA型电热鼓风干燥箱与上海良平仪器仪表有限公司生产的JY5002型电子天平进行荚果含水率的测定。

2.2.6.3　试验内容与方法

（1）试验内容

通过分析不同花生品种、不同受压部位以及同一品种不同荚果含水率、不同加载速率、硫酸预处理条件下荚果受压时破壳力的情况，可得出不同花生品种以及不同品种所需设备运动参数、脱壳工艺（调湿处理、硫酸预处理）对设备脱壳性能的影响。

（2）试验方法

①不同品种及受压部位对破壳力影响试验。对四粒红和白沙花生进行手工剥壳时，主要是使荚果正向受压，四粒红较白沙易于剥壳。花生机械脱壳时，主要受正向压力和侧向压力，正向施压即为垂直果壳结合处施加压力，侧向施压为垂直一侧荚果果壳（不包含果壳结合处）施加压力，如图2-5所示。该试验分别针对白沙、四粒红花生进行正压、侧压重复试验。

正向施压　　　　　　　　　　　侧向施压

图2-5　白沙、四粒红花生荚果力学特性试验

②不同荚果含水率对破壳力影响试验。通过对白沙花生荚果进行调湿处理，获得不同含水率的荚果。具体做法：预先对30kg荚果分别加入2.75kg、2.25kg、1.75kg、1.25kg、0kg清水，即分别对应按92g/kg、75g/kg、58g/kg、42g/kg、0g/kg五种比例加入清水对荚果进行调湿处理，用塑料薄膜覆盖9h后，晾晒干荚果表面水分，测得荚果含水率分别为11.87%、10.31%、8.62%、7.7%、7.43%。试验时，施压位置选择正向施压，加载速率调整至为30mm/min，进行荚果不同含水率的重复试验。

③不同加载速率对破壳力影响试验。市场上现有的机械式花生脱壳设备的滚筒转速一般为300～610r/min，滚筒线速度为3～6m/s，试验所用电子万能试验机的加载调速范围为1～200mm/min。通过资料检索，并考虑实际情况，选用白沙花生为试验物料，正向受压，试验中加载速率虽不能完全符合实际速率，但选取10mm/min、20mm/min、30mm/min三个水平加载速率进行荚果破壳压力重复试验，也可得出此条件下加载速率对荚果破壳力的影响。

④硫酸预处理对破壳力影响试验。首先配备硫酸溶液，取100mL浓度为96%～98%硫酸，加300mL清水稀释。将预先准备好的荚果浸入配好的硫酸溶液中，浸泡2～3min后，晒干或晾干荚果表面的硫酸溶液。配备试验所需硫酸溶液时，须严格按照实验室操作规程操作，以免发生危险。该试验主要针对白沙、四粒红花生品种进行硫酸处理对比试验，观察花生荚果破壳力学特性，选择正向受压，加载速率为30mm/min进行重复试验。

2.2.6.4 试验结果与分析

①不同花生品种及受力位置对破壳力的影响。本试验所用试验物料为自然晒干，白沙荚果含水率为7.43%，四粒红荚果含水率为7.55%，加载速率为30mm/min，试验结果见表2-5。

表2-5　白沙、四粒红花生不同受压位置力学特性测试结果

受力位置	品种	荚果破壳力/N					均值/N
正压	白沙	41.71	39.5	40.23	38.32	42.85	40.52
	四粒红	36.52	34.03	33.56	36.86	38.12	35.82
侧压	白沙	42.87	47.75	45.62	47.21	43.51	45.39
	四粒红	49.88	48.52	50.87	50.09	49.67	49.81

正向施压时四粒红破壳力小于白沙，侧向施压时四粒红破壳力大于白沙，主要是因为花生在不同施压方式下裂纹的产生部位和扩展方式不同。正面施压时花生壳沿果壳结合处的棱边纵向裂纹；侧面施压时，中段产生横向裂纹，侧面施压四粒红破壳力大于白沙；同一品种花生正向施压破壳力均小于侧向施压破壳力。

②不同花生荚果（果壳）含水率对破壳力的影响。试验时，施压位置选择正向施压，加载速率调整至为30mm/min，试验结果见表2-6。

表2-6　不同果壳含水率对白沙花生荚果力学特性测试结果

果壳含水率/%	荚果破壳力/N					均值/N
8.45	41.71	39.5	40.23	38.32	42.85	40.52
8.64	40.78	43.65	43.52	43.1	41.89	42.59
8.96	42.89	43.81	45.67	45.89	46.2	44.89
10.04	47.14	45.44	46.52	45.16	47.31	46.31
10.85	49.86	51.02	50.14	48.76	50.09	49.97

花生荚果破壳力随着果壳含水率的升高而增大。这是由于花生果壳主要由粗纤维组成，水分越少，纤维的脆性越大、韧性越小，受到外界压力时越容易破碎，因此同一品种的花生随含水率的升高，其破壳力也增加。

③不同加载速率对破壳力的影响。白沙花生荚果含水率为7.43%，

正向受压前提下，分别选取10mm/min、20mm/min、30mm/min三个水平加载速率进行荚果压力试验，通过此试验也可得出在此条件下加载速率对荚果破壳力的影响，试验结果见表2-7。

表2-7　不同加载速率对荚果力学特性测试结果

加载速率/（mm·min⁻¹）	荚果破壳力/N					均值/N
10	48.16	47.45	46.8	46.54	47.12	47.21
20	44.71	45.1	43.89	44.72	45.09	44.70
30	41.71	39.5	40.23	38.32	42.85	40.52

试验结果表明，加载速率对花生荚果破壳力有显著影响，花生荚果破壳力随着加载速率的升高而减小，因此在设计脱壳部件时，需充分考虑该因素。

④硫酸预处理对破壳力的影响。以白沙、四粒红花生品种为试验物料进行硫酸处理对比试验，选择正向受压，加载速率为30mm/min进行重复试验，试验结果如表2-8所示。

表2-8　硫酸预处理对荚果力学特性测试结果

加载速率/（mm·min⁻¹）	花生品种	对照组/N	试验组/N
30	白沙	40.52	24.99
30	四粒红	35.82	18.89

由表2-8可知，花生荚果经硫酸溶液预处理后，荚果破壳力大幅降低，主要是因为硫酸溶液可软化花生果壳。考虑到环境安全与复杂工序等方面的问题，目前花生脱壳过程中还未使用此工艺，但可推断，经硫酸溶液处理的荚果脱壳时，可有效改善机具脱净率。

2.3　花生籽仁物理特性

2.3.1　籽仁形状

由上述分析可知，中国花生品种较多，不同品种主要在尺寸、外形、红衣与子叶的紧实度等都存在一定差异，这就直接影响着花生脱壳过程中凹板筛尺寸的选择以及振动筛参数的设计，因此在进行机械脱壳前需根据不同品种，分析花生籽仁的形状、外形尺寸、滑动摩擦角等特性对设计花生脱壳设备关键部件具有很实际的意义。

2.3.2 籽仁几何尺寸

参考2.2.2荚果几何尺寸数理统计量，对4种常用花生品种海花、鲁花、白沙、四粒红的籽仁几何尺寸进行测量分析，统计尺寸如图2-6所示，结果见表2-9、图2-7。

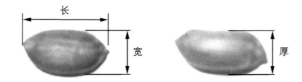

图2-6 籽仁几何尺寸

表2-9 白沙、四粒红花生籽仁几何尺寸统计分析结果

项目	白沙			四粒红		
	长	宽	厚	长	宽	厚
统计量/个	60	60	60	60	60	60
均值/mm	17.04	8.61	9.71	13.79	7.84	8.04
均值的标准误	0.19	0.10	0.08	0.24	0.08	0.12
中值/mm	17.00	8.64	9.76	13.66	7.80	7.97
众数/mm	16.28	8.00	10.00	13.10	7.60	7.96
标准差	1.46	0.74	0.65	1.90	0.59	0.96
方差	2.13	0.55	0.42	3.59	0.35	0.92
偏度	0.52	-0.32	-0.44	-1.15	-0.06	1.99
峰度	0.31	0.31	0.31	0.31	0.31	0.31
偏度的标准误	-0.28	-0.57	-0.28	2.99	-0.01	9.57
峰度的标准误	0.61	0.61	0.61	0.61	0.61	0.61
全距/mm	6.12	3.02	2.98	9.74	2.94	6.52
极小值/mm	14.58	6.88	8.12	7.36	6.32	6.34
极大值/mm	20.70	9.90	11.10	17.10	9.26	12.86
和/mm	1022.14	516.48	582.69	827.10	470.30	482.64

项目	白沙			四粒红		
	长	宽	厚	长	宽	厚
百分位数2.5	14.78	7.10	8.34	7.92	6.74	6.48
10	15.24	7.57	8.85	12.27	7.05	6.99
20	15.71	7.98	9.14	12.81	7.46	7.33
25	15.94	8.03	9.21	13.09	7.49	7.47
30	16.20	8.19	9.39	13.14	7.57	7.56
40	16.38	8.53	9.62	13.44	7.64	7.74
50	17.00	8.64	9.76	13.66	7.80	7.97
60	17.24	8.81	9.97	14.04	7.94	8.22
70	17.57	9.06	10.13	14.85	8.18	8.49
75	18.03	9.25	10.22	15.07	8.30	8.54
80	18.44	9.34	10.35	15.28	8.37	8.71
90	19.08	9.51	10.47	15.78	8.63	8.99
97.5	20.30	9.88	10.60	17.08	8.98	9.24

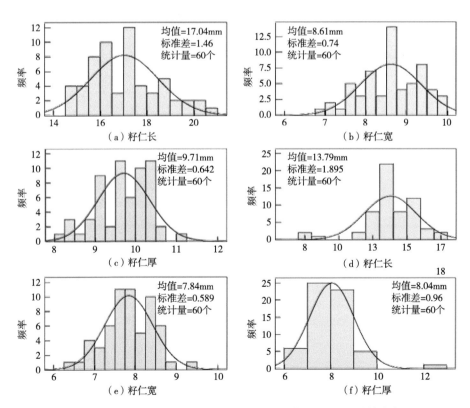

图2-7 白沙（a、b、c）、四粒红（d、e、f）花生籽仁物理特性直方图

从外观及统计结果以及图2-7中的直方图中可以看出，白沙籽仁长集中在15～17mm，宽为8～10mm，厚为9～10.5mm，有90%左右的籽仁宽度小于9.5mm，90%以上的籽仁厚度小于10.5mm，白沙花生脱壳时，凹板筛栅条间隙可选为9.5～10.5mm；四粒红花生籽仁长为13～16mm，宽为7～8.75mm，厚为7～9mm。总体来看，四粒红花生籽仁几何尺寸分布较白沙均匀集中，更有利于机械脱壳，且脱壳时需根据物料的具体尺寸来选择相应尺寸的凹板筛。

试验用白沙、四粒红花生籽仁，相对山东等大花生来说籽粒偏小，为使脱壳凹板筛等关键部件适应大多数花生品种，现又统计了山东花生研究所提供的海花、鲁花花生籽仁作为统计对象，进行分析统计，结果如表2-10、图2-8所示。

表2-10　海花、鲁花花生籽仁几何尺寸统计分析结果

项目	海花			鲁花		
	长	宽	厚	长	宽	厚
统计量/个	60	60	60	60	60	60
均值/mm	19.15	8.59	9.93	19.33	8.59	10.07
均值的标准误	0.31	0.10	0.18	0.24	0.08	0.21
中值/mm	19.15	8.63	9.97	19.36	8.63	9.72
众数/mm	19.22	8.24	8.54	20.00	8.00	10.00
标准差	2.39	0.74	1.42	1.86	0.64	1.60
方差	5.71	0.55	2.03	3.46	0.41	2.55
偏度	−0.36	−0.18	0.35	0.02	−0.01	3.40
峰度	0.31	0.31	0.31	0.31	0.31	0.31
偏度的标准误	0.73	0.41	−0.49	0.59	0.84	18.80
峰度的标准误	0.61	0.61	0.61	0.61	0.61	0.61
全距/mm	11.94	4.02	5.80	9.86	3.54	11.74
极小值/mm	11.76	6.54	7.44	14.48	6.96	7.58
极大值/mm	23.70	10.56	13.24	24.34	10.50	19.32
和/mm	1149.00	515.58	596.08	1159.78	515.64	593.98
百分位数2.5	13.14	6.98	7.70	15.76	7.00	8.15
10	16.79	7.67	8.14	17.08	7.83	8.72
20	17.45	7.97	8.57	17.83	8.05	9.02
25	17.55	8.06	8.65	18.37	8.20	9.16

项目	海花			鲁花		
	长	宽	厚	长	宽	厚
百分位数30	17.82	8.23	9.04	18.53	8.27	9.25
40	18.40	8.52	9.36	18.93	8.39	9.49
50	19.15	8.63	9.97	19.36	8.63	9.72
60	19.37	8.81	10.23	19.87	8.78	10.17
70	20.23	8.92	10.61	20.07	8.94	10.62
75	21.17	9.04	10.91	20.25	8.99	10.78
80	21.44	9.17	11.29	20.56	9.07	11.01
90	22.38	9.53	11.81	21.70	9.40	11.48
97.5	23.36	9.86	13.16	23.38	9.64	12.14

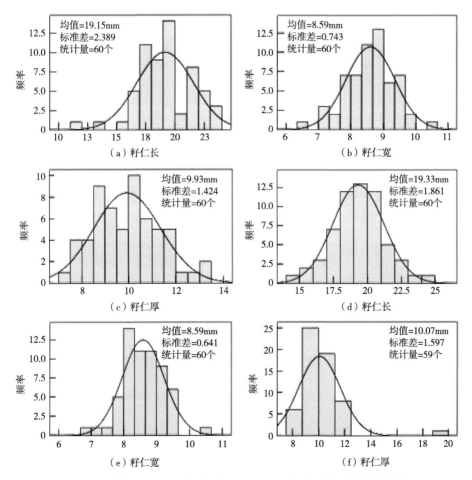

图2-8　海花（a、b、c）、鲁花（d、e、f）花生籽仁物理特性直方图

从外观及统计结果以及图2-8中的直方图中可以看出，海花花生籽仁长度集中在17～22mm，宽为7.67～9.67mm，厚为8～12mm，总体籽仁厚度尺寸大于宽度尺寸；鲁花花生籽仁长集中在为17.5～22mm，宽为8～9.67mm，厚为8～12mm。且由表2-9、表2-10、图2-7、图2-8结果比较可知，海花、鲁花花生籽仁尺寸较白沙、四粒红大得多，因此进行花生脱壳时，需根据脱壳物料籽仁的具体尺寸选择相应尺寸的凹板筛，以使得所脱花生籽仁破碎率最低、脱净率最高。

2.3.3 籽仁滑动摩擦角

花生脱壳设备的振动筛主要是将脱出的花生籽仁向前振动输送至出料口，同时未脱净的花生荚果向出料口相反方向输送，从而实现籽仁荚果分离，其中振动筛设计角度与荚果和籽仁滑动摩擦角密切相关，理论上最好将振动筛倾斜角度小于籽仁的滑动摩擦角，使得籽仁可顺利向上向前的出料口推送，还要满足振动筛倾斜角度大于荚果滑动摩擦角使得未脱净的荚果顺利下滑进行二次复脱。

滑动摩擦角测定通过斜面仪进行，试验用自制斜面仪，结构如图2-4所示。试验仪用的测试板选用Q235钢板、有机玻璃板均为常用购买的材料，表面无须再加工，有漆钢板是在Q235钢板表面涂上一层常用防锈漆。选择不同品种花生籽粒，测试其在不同表面材料的测试板上的滑动摩擦角，每种情况重复测试5次，取其平均值作为选定条件下的花生籽粒的滑动摩擦角的大小，结果如表2-11所示。

表2-11　不同条件下花生籽粒的滑动性能

品种	钢板		有漆钢板		有机玻璃板	
	滑动摩擦角/°	标准差	滑动摩擦角/°	标准差	滑动摩擦角/°	标准差
海花	28.8	1.54	27.4	1.92	25.1	1.92
鲁花	30.5	2.43	28.8	1.13	26.2	0.95
白沙	29.2	1.33	28.0	0.84	24.7	2.23
四粒红	26.1	0.87	24.7	1.14	23.7	1.66

由表2-11可知，花生籽仁与铁板的滑动摩擦角较大，与有机玻璃的滑动摩擦角较小；鲁花与铁板的滑动摩擦角最大，四粒红与有机玻璃的滑动摩擦角最小；鲁花滑动摩擦角相对最大，白沙次之，四粒红滑动摩擦角最小。也即不同品种、不同材质的接触面条件下，花生籽粒的流动性有所不同，同一品种的花生籽粒在有机玻璃板、有漆铁板、铁板上的流动性能依次降低；不同品种的花生籽粒，四粒红籽粒的流动性相对最好，鲁花籽粒的流动性相对最差。籽粒的流动性差，散落性就差，散落过程中籽粒产生的损伤率就越大，因此实际工作中，在籽仁及荚果滑动摩擦角基础上，再结合经验及实践才能设计出最适合花生脱壳的振动筛角度和频率。

2.3.4　籽仁力学特性

花生籽仁破碎挤压力直接影响脱壳设备脱壳滚筒转速等参数的设计与优选，对降低机械脱壳的籽仁损伤率有重要意义。利用KQ-1型颗粒强度测定仪对花生种子进行了破碎挤压力测试，并分析了不同品种、不同含水率、不同挤压位置下花生种子的挤压破碎性能。

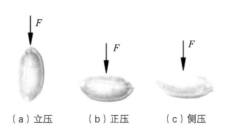

（a）立压　　　（b）正压　　　（c）侧压

图2-9　花生种子受力位置

为获取不同含水率条件下花生籽仁挤压破碎特性，取其含水率（w）分别为3.6%，7.8%，13.3%，16.5%和25.4%。试验按含水率的不同，每个品种的花生种子的挤压试验分为5组，每组按挤压位置分别进行立压、正压及侧压，如图2-9所示，每种挤压位置均测试4次，求取最大破碎挤压力的平均值，试验结果与分析见表2-12和图2-10、图2-11。

表2-12　花生种子破碎挤压力测试结果

品种	挤压位置	含水率/%	最大挤压力/N	品种	挤压位置	含水率/%	最大挤压力/N
海花	立压	3.6	20.7	白沙	立压	3.6	18.70
		7.8	20.85			7.8	22.65
		13.3	34.25			13.3	33.00
		16.5	22.35			16.5	35.30
		25.4	28.45			25.4	37.45
	正压	3.6	32.25		正压	3.6	39.70
		7.8	35.35			7.8	53.00
		13.3	38.00			13.3	41.00
		16.5	34.65			16.5	40.75
		25.4	49.70			25.4	37.30
	侧压	3.6	40.60		侧压	3.6	48.65
		7.8	51.55			7.8	55.00
		13.3	53.10			13.3	45.55
		16.5	52.00			16.5	43.10
		25.4	46.65			25.4	42.40
鲁花	立压	3.6	19.75	四粒红	立压	3.6	20.85
		7.8	26.85			7.8	24.75
		13.3	27.75			13.3	25.90
		16.5	21.30			16.5	27.45
		25.4	23			25.4	29.15
	正压	3.6	25.30		正压	3.6	46.80
		7.8	35.15			7.8	38.50
		13.3	40.05			13.3	31.90
		16.5	37.45			16.5	29.95
		25.4	40.90			25.4	28.65
	侧压	3.6	44.20		侧压	3.6	45.70
		7.8	44.95			7.8	51.55
		13.3	48.50			13.3	38.95
		16.5	41.65			16.5	38.30
		25.4	40.40			25.4	36.30

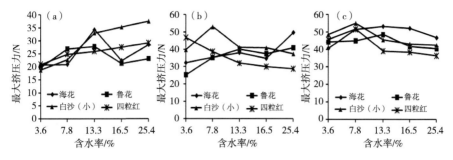

（a）立向；（b）正向；（c）侧向

图2-10　不同挤压位置下花生种子含水率与最大挤压力的关系

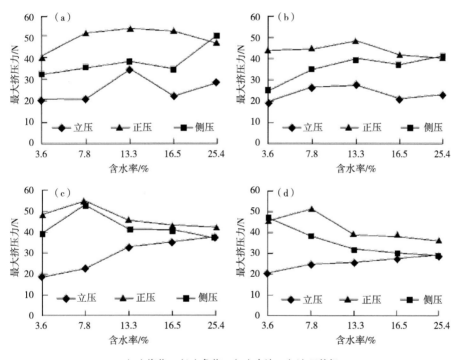

（a）海花；（b）鲁花；（c）白沙；（d）四粒红

图2-11　不同品种花生种子含水率与最大挤压力的关系

　　对表2-12测试结果进行方差分析可知，影响花生籽仁最大挤压力的主次因素依次为挤压位置、品种、含水率。由图2-10、图2-11可知花生籽仁由于挤压位置的不同，所能承受的最大挤压力有较大差异，由于其自身结构的特点，挤压面的不同，承受挤压力的籽仁结构及组织也不同，侧压承受的破碎挤压力最大，正压次之，立压最小。不同品种花生籽仁抵抗挤压破碎的能力不同，在相同含水率、相同挤压位置时，海花的最大挤压力通常略大于鲁花的最大挤压力，白沙的最大挤压力通常略大于四粒红的最大挤压力，这与籽仁内部组织结构、形状大小等因素有较大的关系。通常情况下，最大挤压力随含水率的增加先是有所增加，当达到一定值后则开始随着含水率的增加而有所降低。

3 花生脱壳方式及工作原理

3.1 花生脱壳主要方式及工作原理

脱壳是壳类物料产后加工非常重要的生产工序。根据带壳物料的不同特性、形状、大小和壳仁之间的附着情况采取不同的脱壳方法。常用的脱壳方法有：利用粗糙面的碾搓作用使皮壳破碎进行脱壳；利用打板的撞击作用使皮壳破碎进行脱壳；利用锐利面的剪切作用使皮壳破碎进行脱壳；利用轧辊的挤压作用使皮壳破碎进行脱壳等。

目前，在国内应用比较广泛的花生脱壳的主要方式及原理有以下几种。

3.1.1 打击揉搓法

打击揉搓法脱壳是花生荚果在脱壳滚筒的运转带动下，使进入脱壳仓的花生首先受到脱壳滚筒的打击产生破碎，随后在脱壳滚筒的带动下，在脱壳仓内花生荚果与荚果之间、荚果与凹板筛之间形成挤压与揉搓，从而使花生荚果果壳破坏、籽仁脱出的一种脱壳方法。该类脱壳方法为市场上现有设备常用的脱壳方法之一，其设备通常由喂料斗、脱壳滚筒、凹板筛、振动分选装置、机架等构成。相关设备如图3-1所示。影响该类设备脱壳作业的主要因素是喂料速度、脱壳滚筒转速、滚筒凹版筛间隙等。

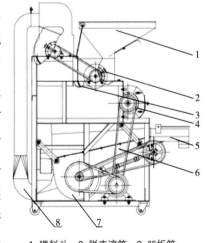

1.喂料斗；2.脱壳滚筒；3.凹板筛；
4.风机；5.出料口；6.振动筛；
7.清选风机；8.气力输送管路

图3-1　花生脱壳机结构

3.1.2 撞击法

撞击法脱壳是花生荚果在高速运动时突然受阻且受到冲击力，使外壳破碎而实现脱壳目的的一种方法。其典型设备是由高速回转甩料盘及固定在甩料盘周围的粗糙壁板组成的离心脱壳机，其结构如图3-2所示。脱壳作业时，甩料盘使花生荚果产生一个较大的离心力而撞击脱壳机内壁。当撞击力足够大时，荚果外壳就会产生较大变形，进而形成裂缝，果壳破裂，籽仁脱出，从而实现荚果的脱壳。撞击法适合于仁壳间隙较大且外壳较脆的荚果的脱壳。撞击法脱壳属于离心式脱壳，影响其脱壳质量的因素有籽粒的水分含量、甩料盘的转速、甩料盘的结构特点等。

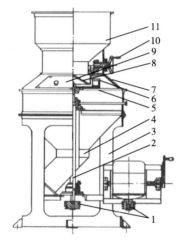

1.传动皮带轮；2.转动盘；3.机架；4.卸料漏斗；5.转盘；6.打板；7.挡板；
8.可调料门；9.检修门；10.调节手轮；11.料斗

图3-2 立式离心剥壳机结构

3.1.3 碾搓法

碾搓法脱壳也叫磨盘式脱壳，是花生荚果在固定磨片和运动着的磨片之间，受到强烈的碾搓作用后，使荚果的外壳被撕裂而实现脱壳目的的一种方法。其典型设备是由一个固定圆盘和一个转动圆盘组成的圆盘脱壳机，其结构如图3-3所示。脱壳作业时，花生荚果经进料口进入定磨片和动磨片的间隙中，动磨片转动的离心力使籽粒沿径向向外运动，也使荚果与定磨片间产生方向相反的摩擦力；同时，磨片上的槽纹不断对荚果外壳进行剪切从而形成裂缝，在摩擦力与剪切力的共同作用下使外壳产生大的裂纹直至破裂，实现壳仁脱离，达到脱壳的目的。影响碾搓法脱壳质量的因素有荚果的水分含量、圆盘直径、转速高低、磨片之间工作间隙大小、磨片上槽纹形状等。

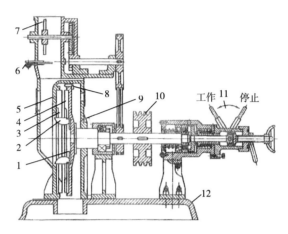

1.转盘；2.里叶打刀；3.定磨片；4.动磨片；5.固定盘；6.调节板；7.喂料翼；
8.外叶打刀；9.机壳；10.带轮；11.轧距调节盘；12.机座

图3-3　圆盘式剥壳机结构

3.1.4　剪切法

剪切法脱壳是花生荚果在固定刀架和转鼓之间，受到相对运动刀板的剪切力作用，荚果外壳被切裂并打开，实现外壳与籽仁分离的一种方法。其典型设备是由刀板转鼓和刀板座为主要工作部件的刀板剥壳机，其结构如图3-4所示。在刀板转鼓和刀板座上均装有刀板，刀板座呈凹形，带有调节机构，可根据花生荚果的大小调节刀板座与刀板转鼓之间的间隙。脱壳作业时，当刀板转鼓旋转时，与刀板之间产生剪切作用，使物料外壳破裂和脱落。主要适用于棉籽，特别是带绒棉籽的剥壳，剥壳效果较好。由于其工作面较小，故易发生漏籽现象，重剥率较高。影响剪切法脱壳质量的因素有原料水分含量、转鼓转速的高低、刀板之间的间隙大小等。

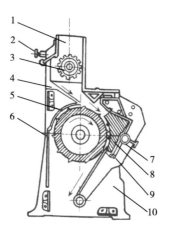

1.进料斗；2.调节器；3.喂料辊；4.磁铁；5.转鼓；6、8.刀板；7.刀板座；9.固定刀板架；10.机架

图3-4　刀板式剥壳机结构

3.1.5　挤压法

挤压法脱壳是依靠一对直径相同转动方向相反、转速相等的圆柱辊，调整到适当间隙，使花生荚果通过间隙时受到辊的挤压而破壳的一种方法。轧辊式剥壳机是挤压式脱壳设备之一，其结构如图3-5所示。花生荚果能否顺利地进入两挤压辊的间隙，取决于挤压辊及与荚果的接触情况。要使荚果在两挤压辊间被挤压破壳，荚果首先必须被夹住，然后被卷入两辊间隙。两挤压辊间的间隙大小是影响挤压法脱壳籽粒破损率和脱壳率高低的主要因素。

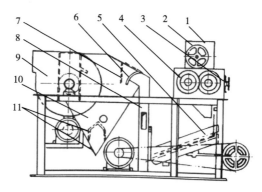

1.流量调节器；2.料斗；3.轧距调节器；4.轧辊；5.振动筛；6.风量调节门；
7.挡板；8.风管；9.风机；10.沉降室；11.阻风门

图3-5　轧辊式剥壳机结构

3.1.6　搓撕法

搓撕法脱壳是利用相对转动的橡胶辊筒对花生荚果进行搓撕作用而实现脱壳目的的一种方法。齿辊式剥壳机组是搓撕法脱壳的典型代表设备之一，其结构如图3-6所示。脱壳作业时，水平放置的两只橡胶辊分别以不同转速相对转动，辊面之间存在一定的线速差，橡胶辊具有一定的弹性，其摩擦系数较大。当花生荚果进入胶辊工作区时，与两辊面相接触，如果此时荚果符合被辊子啮入的条件，即啮入角小于摩擦角，就能顺利进入两辊间。花生荚果在被拉入辊间的同时，受到两个不同方向的摩擦力的搓撕作用；另外，荚果又受到两辊面的法向挤压力的作用，当荚果到达辊子中心连线附近时法向挤压力最大，荚果受压产生弹性—塑性变形，此时荚果的外壳也将在挤压作用下破裂，在上述相反方向搓撕力的作用下完成脱壳过程。搓撕法脱壳影响脱壳质量的因素主要有线速差、胶压辊的硬度、轧入角、轧辊半径、轧辊间隙等。

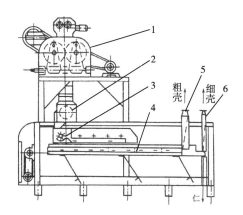

1.齿辊式剥壳机；2.分配螺旋输送器；3.六联打筛；4.振动平筛；5、6.吸风道

图3-6　齿辊式剥壳机组结构

3.1.7　几种新型脱壳方法

（1）压力膨胀法

压力膨胀法脱壳是先使一定压力的气体进入花生壳内，持续一段时间后，使花生荚果内外达到气压平衡，然后瞬间卸压，内外压力平衡打破，壳体内气体在高压作用下产生巨大的爆破力而冲破壳体，从而达

到脱壳目的的一种方法。影响压力膨胀法脱壳质量的主要因素有充气压力、稳定压力维持时间、籽粒的含水率等。

（2）真空法

真空法脱壳是将花生荚果放在真空爆壳机中，在真空条件下，将具有一定水分的荚果加热到一定温度，在真空泵的抽吸下，荚果吸热使其外壳的水分不断蒸发而被移除，其韧性与强度降低，脆性大大增加；真空作用又使壳外压力降低，壳内部相对处于较高压力状态。当花生壳内的压力达到一定数值时，就会使外壳爆裂。

（3）激光法

激光法脱壳是采用激光逐个切割坚果外壳而实现脱壳目的的一种方法。用这种方法几乎能够达到100%的整仁率，但因其费用昂贵、效率低下等原因，未能得到大面积推广。

3.2 几种常见的花生脱壳设备

花生脱壳方式主要分为非机械式脱壳和机械式脱壳。目前市场上主要采用的是机械式花生脱壳设备，相关设备结构在3.1中已有介绍，此处不再赘述。根据脱壳原理、结构形式的不同，常见花生脱壳机的主要形式可分为打击揉搓式、磨盘式两种，其中以打击揉搓式使用最为广泛。

3.2.1 打击揉搓式脱壳设备

打击揉搓式花生脱壳机如图3-7所示。花生荚果由喂料斗进入脱壳仓，在脱壳仓内滚筒与凹板筛共同作用下对花生荚果进行挤压、揉搓实现脱壳，脱出的花生籽仁与果壳混合物经凹板筛落料至振动筛，下落过程中果壳被凹板筛与振动筛之间的风机吹出，花生籽仁、未脱净的花生荚果在振动筛与清选风机的作用下实现分离，籽仁由出料口进入料箱进行收集，未脱的荚果经由气力输送管路8进入复脱装置，完成整个脱壳过程。

图3-7 打击揉搓式花生脱壳机

　　该脱壳设备中，脱壳仓是其关键部件，对脱壳机作业质量有着重要影响。脱壳仓由脱壳滚筒及凹板筛组成，根据脱壳滚筒结构形式不同（图3-8），可将其分为开式脱壳滚筒及闭式脱壳滚筒两种（图3-9）。二者在作业原理及作业质量上有如下差异：开式脱壳滚筒与凹板筛组合对花生进行脱壳时，花生进入脱壳仓，在下落过程中首先受旋转打杆打击。随后荚果下落至滚筒凹板筛之间，在脱壳滚筒的旋转带动及凹板筛的阻滞作用下，荚果与旋转打杆凹板筛之间、荚果与荚果之间受到外力揉搓及挤压，从而使得荚果果壳破裂，籽仁在外力作用下脱出，破裂的果壳及脱出的籽仁在旋转打杆挤压及连续料流的共同作用下，由凹板筛栅条间隙排出脱壳仓。该结构形式下各打杆（板）对脱壳仓内花生打击作用较为显著，破损率相对较高，但其结构特点使脱壳仓内空间较大，对荚果喂入均匀性要求较低，可实现较大喂料速率的花生荚果脱壳，生产率相对较高，适用于油用、食用花生高效脱壳；闭式脱壳滚筒凹板筛结构与上述结构相比，对荚果打击作用较弱，荚果由料斗下落至脱壳仓时，在闭式滚筒带动下，荚果主要在脱壳滚筒的揉搓、挤压作用下实现脱壳，破损率相对较小，但其结构特点使脱壳仓内空间相对狭小，在实际生产中对脱壳设备喂料均匀性要求较高，喂料速率快易产生堵塞，影响正常作业，可用于种用花生的低损脱壳作业。

（a）两纹杆脱壳滚筒　　　（b）三打板脱壳滚筒　　　（c）橡塑滚筒

图3-8　打击揉搓式花生脱壳滚筒不同结构

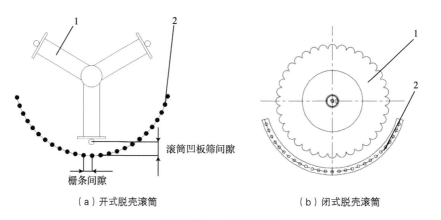

（a）开式脱壳滚筒　　　　　　　（b）闭式脱壳滚筒

1.脱壳滚筒；2.栅条凹板筛

图3-9　打击揉搓式花生脱壳仓结构

　　不同厂家生产的花生脱壳设备凹板筛结构也有较大差别，主要有编织筛、栅条凹板筛，如图3-10所示，以栅条凹板筛式结构较为常见。编织筛在脱壳过程中对花生阻滞较大，脱净率高，但破损亦较高，常用在油用花生脱壳设备；栅条凹板筛对花生阻滞作用较编织筛小，破碎相对较小。

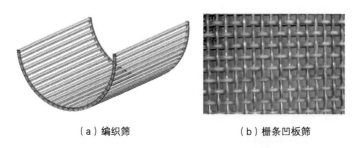

（a）编织筛　　　　　　　　　（b）栅条凹板筛

图3-10　打击揉搓式花生脱壳机凹板筛结构

3.2.2　磨盘式脱壳设备

磨盘式花生脱壳设备主要由进料斗、磨盘、仁壳分离风机、振动筛、机架、电机等组成，脱壳仓是该类花生脱壳设备的关键部件，结构及设备如图3-11、图3-12所示。脱壳仓由上下动静两磨盘组成，上盘2为定盘，下盘6为动盘，且动盘2、静盘6间隙可根据不同花生品种进行调节。脱壳时，花生荚果由进料斗1进入脱壳仓，动盘6在驱动轴的旋转下，带动静盘6与动盘2之间的花生荚果并与之产生摩擦及挤压作用，同时花生荚果之间也产生相互挤压，在挤压、揉搓、摩擦的共同作用下，花生荚果果壳破裂，籽仁脱出，完成脱壳过程，该类部分花生脱壳机为降低破损，还在动盘上设置橡胶7，以实现对花生荚果的柔性挤压。该类设备外型尺寸大、生产率高、籽仁破损率较高，通常在榨油厂或南方某些地区花生脱壳使用。

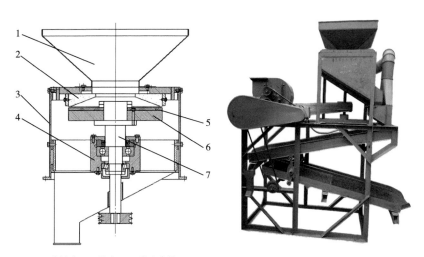

1.进料斗；2.静盘；3.脱壳仓体；
4.动盘支承；5.驱动轴；6.动盘；7.橡胶

图3-11　磨盘式花生脱壳机脱壳仓结构　　图3-12　磨盘式花生脱壳设备

综上所述，中国目前市场花生脱壳设备主要以打击揉搓式为主，能够完成脱壳、分离、清选和分级功能的较大型花生脱壳机组只有在一些对籽仁破损率要求不高的大批量花生加工的企业中应用较为普遍。

3.3 花生机械化脱壳主要技术难点

由3.2可知，目前花生脱壳设备主要以打击揉搓式为主，故本节主要对该类型花生机械化脱壳主要技术难点进行分析和探讨。

3.3.1 花生机械化脱壳工艺路线缺乏

系统、完善、合理的脱壳工艺是脱壳质量的重要保障，也是实现花生脱壳标准化、精细化生产的前提。近年来，中国花生脱壳技术研究主要集中在降低单机破损率、提高设备适应性方面，在全面系统的脱壳技术方面研究相对较少。然而，降低脱壳破损率非脱壳单机技术完全能够实现，需综合运用现有技术装备手段，系统研究适于花生机械化脱壳的技术路线，并确定适宜的脱壳工艺。为此，农业农村部南京农业机械化研究所针对中国花生机械化脱壳技术现状，借鉴其他类似品种的相关加工特点，并结合花生荚果及籽仁的特性及脱壳需求，提出适于中国花生机械化脱壳的技术路线，如图3-13所示。

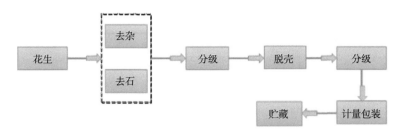

图3-13　花生加工工艺路线

注：实线为推荐必选工序；虚线为推荐可参考工序

3.3.2 品种脱壳特性差异大

中国花生品种繁多，各品种间物理尺寸、外形、荚果果壳特性、籽仁特性差异明显，且部分品种外形尺寸极不规则，完全不能机械化脱壳，品种脱壳特性差异仍是制约花生脱壳质量的关键问题之一。试验研究表明，花生荚果外形规则一致、籽仁大小均匀、缩缢及饱满度适中的荚果较适合机械化脱壳。因此，为实现高质量花生脱壳作业，须针对不同花生品种开展脱壳工艺参数、结构参数研究与优化，确定与品种相适应的脱壳工艺，品种、装备、工艺结合，做到"一品一艺"，提升花生脱壳设备适应性及作业质量。此外，还须与育种专家互动融合，筛选适于脱壳的花生品种特性，选育出适于机械化脱壳的新品种。

3.3.3　适配技术装备缺乏

农机农艺融合，工艺与装备互动是解决花生脱壳的重要前提，加工装备是影响花生脱壳质量的关键。然而，从花生加工的工艺路线各环节所需装备来看，任一个环节均无花生脱壳专用装备，花生脱壳仍使用豆类，甚至水稻、小麦加工通用技术装备，在结构参数、运动参数等方面均不能适应花生脱壳需求，仍需针对花生荚果、籽仁开展试验研究、关键部件创制及结构参数、运动参数优化工作。下面从加工工艺路线中影响花生脱壳质量的关键重点环节逐一分析。

（1）分级设备

花生分级包括荚果分级及籽仁分级。由于荚果、籽仁物理性状差异悬殊，所需分级设备结构迥然不同。在花生籽仁分级方面目前技术装备较为成熟，在花生荚果分级装备方面仍须解决顺畅性及生产效率问题。

花生荚果分级可提高花生荚果尺寸的均匀一致性，是花生脱壳质量的重要前提保障。现有花生荚果分级技术主要采用旋转滚筒筛，拍打式清筛机构进行清筛。目前，该类分级设备在荚果分级方面生产率多在 $1 \sim 2t/h$ 左右，分级合格率85%左右，生产率及分级合格率均较低，且在分级长时间作业时堵塞严重，分级合格率大幅下降。长时间堵塞筛孔的花生经多次拍打，容易产生破碎。实现花生荚果高效、低损、顺畅分级是花生种子脱壳工序中需进一步突破的关键问题。

（2）脱壳设备

降低破损率、提升适应性是花生脱壳设备研发的两大重点难题。制约打击揉搓式花生脱壳设备脱壳质量得因素详见本书4.1，此处不再赘述。现有脱壳原理下，通过设备改进降低破损率、提升设备适应性难度较大，降低脱壳破损率仍须结合品种、工艺研究。针对花生品种特性，研究工艺参数及相关结构参数，实现"一品一艺"才能有效破解花生脱壳设备技术难题。

（3）清选设备

花生清选包括脱壳前花生荚果清选，脱壳后破碎籽仁清选。花生荚果清选主要是清除茎秆、土块石块、未成熟的小果等。脱壳后破碎及损伤籽仁清选是花生籽仁清选的主要技术难题，目前尚无相关专用设备，主要采用其他通用带式清选设备。带式清选设备在花生破损籽仁清选过程中，由于花生物理特性及品种差异，现有设备参数及结构难以满足破损籽仁清选要求，尤其是部分外形呈扁平状的花生常被误选，选别合格率有待进一步提高，且清选设备纵向倾角、横向倾角仍需优化。在设备喂入机构、相关参数等仍需进一步研究，并须设计新型机构破解相关难题。

4 花生脱壳技术研究与优化

4.1 制约花生脱壳作业质量的影响因素

4.1.1 花生品种

长期以来，花生育种以高产、高油为目标，忽略适于机械化生产的花生品种的培育。适于机械化脱壳的花生品种研究缺乏，现已成为制约脱壳作业质量的主要问题之一。

中国花生品种繁杂，品种数以千计，且种植区域广泛，由于各地土壤、水热等自然条件多样，即使同一品种在不同区域种植，其外形及尺寸、荚果及籽仁质构方面差异悬殊。不同花生品种植株在荚果形状、果壳强度、红衣与胚的结合力等物理特性方面差异悬殊，采用相同设备进行脱壳作业时，作业质量差异明显，同一设备难以满足众多品种的花生脱壳需求。因此，高质量的花生脱壳作业对花生育种也提出了较高的要求，必须综合考虑机械化生产、高油、高产等指标。

根据团队近年研究成果，为降低机械化脱壳破损率、提高脱净率，在荚果方面应满足：荚果外形要规则，大小要一致；其长、宽、厚尺寸分布范围要集中；以串珠形为最优，其次是茧形、普通形；荚果缩溢浅；果壳脆性要好，饱满度要适中。

为降低机械化脱壳伤种率，在籽仁方面还应满足：籽仁长、宽、厚尺寸分布范围应较为集中，形状以圆柱形、椭圆形为宜，不建议三角形及桃形；胚根不宜突出；红衣致密光滑、蜡质匀而厚，不易破损脱落；子叶间结合力大，不易分开；红衣与子叶结合较为紧密。

4.1.2 花生脱壳工艺

脱壳工艺与装备的良性互动是花生高质量脱壳的重要保障。系统完善的脱壳工艺流程是实现花生高质量脱壳的重要前提，也是实现花生脱壳标准化、精细化生产的重要支撑，研究并优化花生脱壳工艺、确定最佳的脱壳工艺路线及工艺参数至关重要。在花生高质量脱壳作业过程中，脱壳前预处理、复式脱壳，以及脱壳后精选分级、干燥、包装等均影响花生质量。

（1）脱壳前预处理

在脱壳前利用相关设备对原始物料进行分级、去石、去杂处理，防止石块等进入脱壳仓与花生荚果、籽仁摩擦撞击而产生破损，可提高花生脱壳质量。

花生荚果调湿处理也是脱壳前预处理的重要环节。研究表明，合理控制荚果含水率可有效降低脱壳过程中的破碎率，提高脱壳质量。

（2）复式脱壳

花生荚果大小不一，导致花生脱壳设备一次性脱净率低，可根据实际情况选用复式脱壳，有效提高花生脱净率。使用经过分级的花生荚果进行脱壳可提高脱净率。

（3）精选分级

精选分级是籽仁加工的重要工序。在脱壳后，对花生籽仁进行精选分级，选出破碎、损伤、霉变、虫蛀、瘪粒的种子，并对籽仁进行大小分级，可提高花生籽仁的质量。

（4）包装储运

包装储运是脱壳加工的最后环节，也是脱壳加工需重点考虑的问题。由于籽仁受挤压时易产生破碎、红衣破损，导致发芽能力丧失，因此在包装储运过程中，应通过技术手段确保籽仁伤害程度降至最低。

4.1.3　脱壳设备参数

（1）脱壳滚筒线速度

脱壳滚筒线速度决定了打杆对荚果打击力度，是影响花生脱壳效果的重要因素之一。不同的花生荚果果壳坚实度存在一定差异，破壳所需的打击力也不同。针对花生荚果果壳的坚实度差异，选择相应的脱壳滚筒线速度以保证打击力度，是实现较优脱壳效果的前提条件。试验研究表明，要使花生荚果果壳破裂，所需的机械外力为30～60N。线速度较大时，对荚果打击力大，荚果脱净率高，但破碎率和损伤率增加。反之，会严重影响脱净率。花生荚果果壳与籽仁力学性能差别较大，因此，在花生脱壳过程中，既要保证脱壳滚筒有足够的线速度以实现较强的打击力使荚果果壳破碎，又要保证脱壳滚筒的线速度不造成籽仁损伤。

表4-1及图4-1分别为不同脱壳滚筒转速下所对应的线速度与破碎率、损伤率及脱净率的关系。其中转速350r/min、380r/min、405r/min、440r/min、480r/min，对应滚筒线速度为3.85m/s、4.18m/s、4.45m/s、4.84m/s、5.28m/s。由图4-1可知，当转速增加也即线速度增加时，破损率、脱净率呈现增加趋势，但当转速大于一定值时，破损率、脱净率均下降。主要是因为当转速突破一定值时，滚筒快速将花生挤压出凹板筛，导致部分花生尚未脱壳即从凹板筛排出，致使脱净率、破损率均下降。

表4-1　不同脱壳打杆转速对脱壳指标的影响

打杆转速/（r·min⁻¹）	平均破碎率/%	平均损伤率/%	平均脱净率/%	破损率/%
350	3.19	4.04	94.63	7.23
380	4.47	3.99	97.20	8.46
405	4.67	4.79	97.10	9.46
440	5.42	4.74	96.08	10.16
480	5.19	4.36	95.22	9.55

注：破损率为破碎率与损伤率之和。

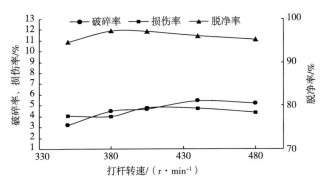

图4-1　不同脱壳打杆转速对脱壳指标的影响

（2）凹板筛栅条间隙及制造质量

凹板筛是花生脱壳设备的关键部件，其作用是阻滞花生荚果并与旋转打杆共同作用使花生荚果之间产生揉搓、挤压以完成脱壳。凹板筛栅条间隙及制造质量将直接影响花生荚果的脱壳效果。目前市场上花生脱壳机的凹板筛主要包括编织筛式及栅条式。编织筛式凹板筛由于其刚性较差，凹板筛脱壳过程中由于受力作用易产生较大形变，从而导致花生荚果未能实现脱壳或者花生籽仁通过凹板筛时受到损伤，此类凹板筛难以满足脱壳质量要求。目前，市场上凹板筛多采用栅条式结构，该结构凹板筛刚性较好，在脱壳过程中与旋转打杆共同作用使花生荚果之间产生较大的挤压及揉搓作用。市场上该配置的凹板筛虽然刚性均能满足生产实际要求，但制造质量参差不齐，凹板筛栅条间距难以精确保证，同一凹板筛通常栅条间隙大小不一，花生籽仁在通过间距较小的两栅条时更易产生破碎或损伤，而较大的栅条间隙通常导致花生荚果在旋转打杆的挤压下直接被挤出，难以达到较为理想的脱壳效果，对脱壳效果影响较大。凹板筛栅条间隙与花生荚果、籽仁尺寸相匹配适应是提高花生脱壳效果的关键技术措施之一。不同凹板筛栅条间隙对脱壳指标的影响如表4-2、图4-2所示。

表4-2　不同凹板筛栅条间隙对脱壳指标的影响

栅条间隙/mm	平均破碎率/%	平均损伤率/%	平均脱净率/%	破伤率/%
8.5	5.93	6.1	98.91	12.03
9.5	5.23	6.04	98	11.27
9.8	2.96	4.99	97.4	7.95
10.5	4.85	5.12	95.29	9.97
11	5.4	5.04	89.97	10.44

注：破损率为破碎率与损伤率之和。

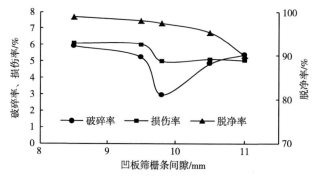

图4-2　不同凹板筛栅条间隙对脱壳指标的影响

（3）滚筒与凹板筛间距

脱壳滚筒与凹板筛间距对花生荚果在滚筒与凹板筛之间的分层情况以及花生之间相互揉搓力大小有着关键的影响。滚筒与凹板筛间距增大时，滚筒凹板筛之间分布的花生层数较多，与旋转打杆接触的花生受到的打击揉搓力较大，层数越多花生荚果在挤压过程中由于果壳形变对能量吸收较为明显，处于中间料层及底层的花生荚果由于受不到足够的揉搓力和挤压力，未得到有效破壳就从凹板筛被直接挤出，导致脱净率低。此外，料层较厚不利于已脱离的花生籽仁从凹板筛上的料层中快速分离，不仅影响脱壳效率，而且会增加籽仁的破损概率。脱壳滚筒与凹板筛间隙较小时，脱壳滚筒与凹板筛之间花生荚果分布层数较少，花生荚果之间揉搓、挤压力较大，花生荚果果壳较易破壳，也会造成籽仁破碎率加大。因此，使用旋转打杆凹板筛式花生脱壳机对花生荚果进行脱壳时，需严格控制适宜的脱壳滚筒与凹板筛的间距。不同滚筒凹板筛间距对脱壳指标的影响如表4-3、图4-3所示。

表4-3　不同滚筒凹板筛间距对脱壳指标的影响

间距/mm	平均破碎率/%	平均损伤率/%	平均脱净率/%	破损率/%
24	5.62	6.20	98.1	11.82
27	4.64	5.19	97.54	9.83
30	3.17	4.10	94.6	7.27
33	4.43	4.80	95.36	9.23
36	4.84	5.05	93.17	9.89

注：破损率为破碎率与损伤率之和。

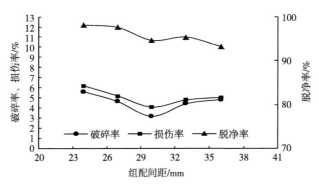

图4-3　不同滚筒凹板筛间距对脱壳指标的影响

（4）喂料速率

喂料速率即单位时间进入脱壳仓的荚果质量，是脱壳设备的主要参数，也是脱壳作业的重要影响因素，适宜的喂料速率及稳定连续的料流是保证脱壳机作业质量的必要前提。喂料速率较小时，花生荚果难以充满脱壳仓，脱壳滚筒、凹板筛难以对荚果进行有效挤压、揉搓，花生脱净率较低。喂料速率较大时，荚果快速充满脱壳仓，凹板筛难以快速分离脱好的花生籽仁及果壳，易使花生脱壳机产生堵塞。因此，需通过试验研究喂入速率与花生脱壳机作业质量的相关性。表4-4和图4-4为针对6BH-800型花生脱壳设备进行喂料速率与作业质量关系的研究结果。试验表明，针对该型脱壳设备，对某白沙品种脱壳作业时，喂料速率10kg/min时作业质量最优。

综上所述，脱净率、破损率是花生脱壳设备研发中需重点考虑的关键问题。在设计花生脱壳设备时，需以脱净率、破损率为考核指标，综合考虑品种特性、机具关键部件结构参数、运动参数及脱壳相关工艺，并开展相应品种选育及关键参数优化，才能有效破解高质量花生脱壳技术难题。

表4-4　不同喂料速率对脱壳指标的影响

喂料速率（生产率）/kg/h	平均破碎率/%	平均损伤率/%	平均脱净率/%	破损率/%
290	6.19	5.62	92.22	11.81
400	5.60	5.45	93.40	11.05
510	4.89	4.87	93.80	9.76
610	3.45	4.58	96.01	8.03
710	4.73	5.92	94.2	10.65

注：破损率为破碎率与损伤率之和。

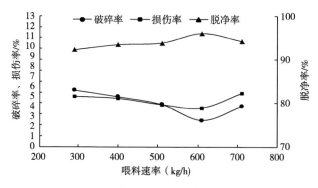

图4-4　不同喂料速率对脱壳指标的影响

（5）滚筒凹版筛材质

新材料、新技术的应用对改善花生脱壳设备加工制造质量、降低花生脱壳破损率有较大意义。现有设备关键部件多采用钢制材料进行设计并制造，其与花生接触的关键部件刚性较大，在花生脱壳作业过程与花生荚果相互作用并实现挤压揉搓脱壳，实现花生荚果的高效脱壳，但是其较大的刚性在花生完成脱壳后对花生亦造成较大伤害，致使破损率较大。近年来，农业农村部南京农业机械化研究所相关科研人员通过大量试验研究开展关键部件优化设计工作，并采用不同种类的木料、不同硬度的橡塑、聚氨酯等材料进行关键部件制造工作，试验研究表明，采用一定硬度的聚氨酯材料及木料进行关键部件制造可有效降低花生脱壳破损，保障花生脱壳作业质量。

4.2　6BH-600花生脱壳机关键部件参数优化及试验

4.2.1　试验材料与试验设计

（1）试验仪器设备（表4-5）

表4-5　试验仪器设备

名称	数量	型号	备注
花生脱壳试验台	1	自研	
变频器	1	H3000	10～50Hz可调
尺子	1		测量精度1mm
电子天平	1		测量精度1g
辅助工具	若干		设备参数调整用

（2）试验原料

试验所选用花生原料为泰州产某白沙品种，其物理尺寸见表4-6，实测荚果含水率12.5%。

表4-6　试验对象物理尺寸　　　　　　　　（单位：mm）

试验物料	长	宽	厚
荚果	19～44	9～16	9～16
籽仁	11.8～15.9	6.2～10.5	8.2～10.3

（3）考核指标

按照中华人民共和国机械行业标准JB/T 5688.1—2007《花生剥壳机技术条件》开展试验，以取样的破损率R_1及脱净率R_2为考核指标，并分别按式（4-1）、式（4-2）计算花生脱壳机破损率及脱净率，各次试验做3次，取平均值。

$$R_1 = \frac{w_1}{w + w_1 + w_2} \qquad （4-1）$$

$$R_2 = \frac{w + w_1 + w_2}{w + w_1 + w_2 + w_3} \qquad （4-2）$$

式中：w——完整纯仁重，g；

　　　w_1——破碎仁重，g；

　　　w_2——损伤仁重，g；

　　　w_3——未剥开果的仁重，g。

（4）试验设计

以脱壳滚筒转速A、滚筒凹板筛间隙B、喂料速率C为影响因素，以破损率、脱净率为考核指标，采取中心组合设计方法及理论，开展二次回归正交试验，并以破损率R_1、脱净率R_2为响应值进行响应面分析。按照响应面试验设计，对自变量的真实值进行编码，编码方程为：

$$x_i = （z_i - z_{i0}）/\Delta z_i$$

式中：x_i——为自变量的编码值；

　　　z_i——为自变量的真实值；

　　　z_{i0}——为试验中心点处自变量的真实值；

　　　Δz_i——为自变量的变化步长。

因素自变量编码及水平见表4-7。

表4-7　因素编码水平

编码	因素水平		
	滚筒转速A/（r·min^{-1}）	间隙B/mm	喂料速率C/（g·s^{-1}）
-1	260	20	180

（续表）

编码	因素水平		
	滚筒转速$A/$（$r \cdot min^{-1}$）	间隙B/mm	喂料速率$C/$（$g \cdot s^{-1}$）
0	270	25	200
1	280	30	220

4.2.2　结果与分析

（1）中心组合设计方案

按照中心组合试验设计方案，随机组合试验次序，所得试验设计及相关结果见表4-8。

表4-8　中心组合设计方案及相应结果

试验编号	因素水平			试验指标	
	滚筒转速	间隙	喂料速率	破损率R_1/%	脱净率R_2/%
1	−1	0	−1	4.7	94.6
2	1	−1	0	6.0	97.0
3	−1	0	1	4.9	94.7
4	0	1	1	5.0	96.0
5	1	1	0	5.1	96.1
6	0	−1	1	5.9	96.7
7	0	0	0	3.3	93.0
8	0	0	0	3.2	92.6
9	−1	1	0	4.9	94.5
10	0	0	0	3.3	92.8
11	1	0	−1	4.1	93.7
12	0	0	0	3.1	92.7
13	0	1	−1	5.8	96.4
14	0	0	0	3.2	92.4
15	0	−1	−1	3.6	93.5
16	−1	−1	0	5.1	96.2
17	1	0	1	4.4	94.0

（2）破损率数学模型及方差分析

采用逐步回归法对表4-8结果进行三元二次回归拟合及方差分析，得到破损率R_1的编码值简化回归方程：

$$R_1 = 3.22 + 0.025B + 0.25C - 0.18AB + 0.025AC - 0.78BC \\ + 0.75A^2 + 1.30B^2 + 0.55C^2$$

（4-3）

方差分析见表4-9，模型显著性检验F=27.84，模型P值小于0.01，失拟检验为不显著，说明残差由随机误差引起，此回归分析的模型拟合度较好，可对脱壳设备破损率进行分析预测。该模型预测损失率R_1与滚筒转速A、滚筒凹板筛间隙B、喂料速率C存在二次非线性关系。模型方差分析亦表明滚筒凹板筛间隙与喂料速率间的交互作用对破损率影响较显著。

表4-9　破损率数学模型的方差分析

变异来源	平方和	自由度	F值	P值
Model	149	9	27.84	0.0064
滚筒转速A/（r·min^{-1}）	0.00	1	0.00	1.0000
间隙B/mm	5.000E-003	1	0.024	0.8820
喂料速率C/（g·s^{-1}）	0.5	1	0.50	0.1677
AB	0.12	1	0.12	0.04701
AC	2.500E-003	1	2.500E-003	0.0385
BC	2.4	1	11.38	0.0119
A^2	2.38	1	11.29	0.0121
B^2	7.14	1	33.83	0.0007
C^2	1.29	1	6.09	0.0430
残差	1.48	7	0.21	
失拟项	1.35	3	0.46	0.9115
纯误差	0.028	4	7.000E-003	
总变异	233.88	16		

注：$P<0.01$为极显著；$P<0.05$为显著。

（3）破损率响应曲面分析

对试验结果进行响应面分析，分析响应面结果并考察滚筒转速A、滚筒凹板筛间隙B、喂料速率C对破损率的影响，分析结果见图4-5至图4-7，由等高线形状判断交互作用强弱。由等高线图可以看出，滚筒转速和滚筒凹板筛间隙、滚筒凹板筛间隙和喂料速率、滚筒转速和喂料速率的交互作用显著，其他因素交互作用较小。由图4-5可知，滚筒转速A和滚筒凹板筛间隙B交互作用对破损率影响较为显著。由图4-6可知，当滚筒转速一定时，降低喂料速率破损率先降低，后有升高。由图4-7可知，当滚筒凹板筛间隙一定时，增加喂料速率破损率随之逐渐增加。

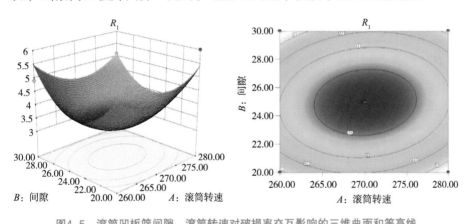

图4-5 滚筒凹板筛间隙、滚筒转速对破损率交互影响的三维曲面和等高线

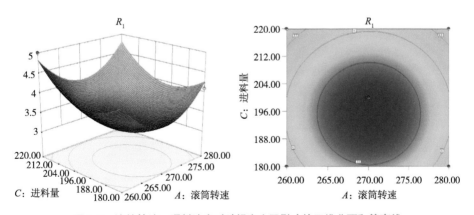

图4-6 滚筒转速、喂料速率对破损率交互影响的三维曲面和等高线

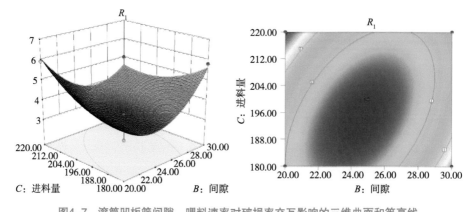

图4-7　滚筒凹板筛间隙、喂料速率对破损率交互影响的三维曲面和等高线

（4）脱净率数学模型及方差分析

对表4-8进行三元二次回归拟合及方差分析，可得脱净率R_2的编码值简化回归方程：

$$R_2 = 92.70 + 0.10A - 0.050B + 0.40C + 0.20AB + 0.052AC$$
$$- 0.90AC + 0.92A^2 + 2.32B^2 + 0.63C^2 \qquad （4-4）$$

方差分析见表4-10。由表可知，模型显著性检验$F=46.8$，P值小于0.05，回归方程检验达到了显著水平，失拟检验为不显著，模型误差由随机误差产生，此回归分析的模型拟合度较好，可对脱壳设备破损率进行分析预测。由预测模型可知滚筒转速、滚筒凹板筛间隙、喂料速率与脱净率存在二次非线性关系。方差分析可看出脱壳滚筒转速、滚筒凹板筛间隙、喂料速率的交互项对脱净率影响较显著。

表4-10　脱净率数学模型的方差分析

变异来源	平方和	自由度	F值	P值
Model	34.93	9	46.8	0.0270
滚筒转速A/（r·min⁻¹）	0.080	1	0.097	0.7651
间隙B/mm	0.020	1	0.024	0.8809
喂料速率C/（g·s⁻¹）	1.28	1	1.54	0.2539
AB	0.16	1	0.19	0.02361
AC	0.010	1	0.012	0.9165

变异来源	平方和	自由度	F值	P值
BC	3.24	1	3.91	0.0485
A^2	3.60	1	4.35	0.0755
B^2	22.76	1	27.47	0.0012
C^2	1.64	1	1.99	0.2017
残差	5.80	7	0.83	
失拟项	5.60	3	37.33	0.8115
纯误差	0.02	4	0.050	
总变异	40.73	16		

注：$P<0.01$为极显著；$P<0.05$为显著。

（5）脱净率响应曲面分析

图4-8至图4-10是滚筒转速A、滚筒凹板筛间隙B、喂料速率C对脱净率的影响，根据等高线图分析三者对脱净率的影响。可看出滚筒转速和滚筒凹板筛间隙、喂料速率和滚筒凹板筛间隙的交互作用对脱净率影响显著，其他交互作用影响不显著。图4-8可知，当滚筒凹板筛间隙一定时，提高滚筒转速脱净率先降低后增加；图4-9可知，当滚筒转速一定时，脱净率随喂料速率的减小逐渐减小。图4-10可知，当滚筒凹板筛间隙一定时，脱净率随喂料速率的减小逐渐降低。

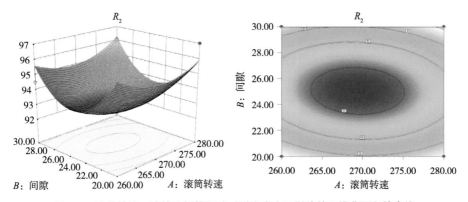

图4-8 滚筒转速、滚筒凹板筛间隙对脱净率交互影响的三维曲面和等高线

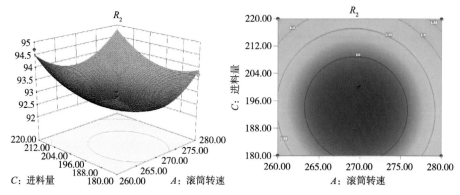

图4-9　滚筒转速、喂料速率对脱净率交互影响的三维曲面和等高线

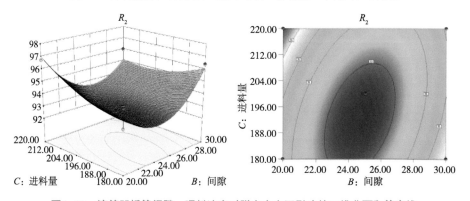

图4-10　滚筒凹板筛间隙、喂料速率对脱净率交互影响的三维曲面和等高线

4.2.3　参数优化

从脱壳机的实际工作质量考虑，需同时考虑响应值破损率R_1及脱净率R_2，使破损率R_1的响应值达到最小，脱净率R_2的响应值达到最大。为此本文对2个目标函数进行多目标优化，以探明满足这两个目标函数的最佳参数组合：

$$\begin{cases} R_1 \rightarrow R_1 \min \\ R_2 \rightarrow R_2 \max \end{cases}$$

同时设定约束条件：$Y_j \geqslant 0$；$-1 \leqslant X_i \leqslant 1$，其中，$i=1$，2，3；$j=1$，2。由于破损率和脱净率同等重要，在优化过程中重要程度均设置为5。采用Design expert进行优化分析，可得出当脱壳滚筒转速在274.8r/min，滚筒凹板筛间隙在24.7mm，喂料速率在204.6g/s时可得破损率R_1、脱净率R_2最佳值分别为3.2%、94.6%。

4.2.4　验证试验

为验证优化结果的可信度，将脱壳设备参数调整为：脱壳滚筒转速275r/min、滚筒凹板筛间隙25mm、喂料速率205g/s，开展花生脱壳破损率及脱净率试验验证，试验次数3次，结果见表4-11。

表4-11　验证试验结果

考核指标	试验次数			平均值	相对误差
	1	2	3		
破损率/%	3.51	3.36	3.40	3.44	6.9
脱净率/%	96.4	95.6	96.0	96.0	1.5

破损率相对误差为6.9%，脱净率相对误差为1.5%，与优化结果理论值相差较小，进一步验证了试验结果的可信度及试验方案的可行性。

5 种用花生脱壳加工技术

5.1 中国花生供种特点及种用花生脱壳技术要求

5.1.1 中国花生供种特点

与其他作物相比而言，种用花生供种呈现以下特点。

①用种量较大。根据花生籽仁大小不同，花生用种150~225kg/hm²。

②脱壳至播种时间不宜过长，使脱壳时间集中。花生种子含有丰富的蛋白质和脂肪，吸湿能力强，暴露在外的种子易受高温、潮湿、阳光和氧气等外界影响而发霉变质，且种子和空气接触后易吸收空气中水分，增强了呼吸作用和酶的活力，过早消耗了营养成分，使种子活力降低或失去发芽能力。此外，花生荚果过早脱壳易造成种子感染病菌，影响发芽率。研究表明，花生种子早于播种前一个月脱壳会导致减产150kg/hm²，早于播种前两个月脱壳，减产225kg/hm²，最佳脱壳时间应在播种前10d进行。

③品种多、区域性差异大。中国花生品种繁多，区域性差异大，各地花生品种不一，花生荚果特性差异较大，且同一花生品种在不同区域条件下也表现出明显差异，从而对种用花生机械化脱壳设备适应性提出了更高要求。

④生产经营模式落后，未实现统一供种，农民长期依靠自留种，致使品种退化。小规模种植农户多根据种植习惯自留种，种植大户尚缺少专用品种的繁育加工基地，生产经营模式落后，品种退化严重，导致抗病性、抗虫性、抗旱耐瘠性差，产量低等问题。

5.1.2 种用花生脱壳技术要求

①与常规脱壳作业相比，种用花生脱壳作业质量要求高。种用花生脱壳应保证种子有较高的活力，加工中应通过技术手段在保证较低破碎率和损伤率的同时提高脱净率，以获得高质量的种子。相关技术标准见表5-1。但目前中国已制定的花生种子生产质量标准及花生剥（脱）壳机质量标准中，尚未针对种用花生的特殊要求制定相关技术要求。

表5-1　相关技术标准

名称	类别	指标		备注
		无复脱设备	复脱设备	
花生脱壳机技术条件	破碎率	≤5%	≤4%	JB/T 5688.1—2007《花生脱壳机 技术条件》
	损伤率	≤4%	≤3.5%	
	脱净率	≥95%	≥97%	
农作物种子质量标准（油料类）	发芽率	≥80%（大田用种）		GB 4407.2—2008《经济作物种子 第2部分：油料类》
	水分	≤10%（大田用种）		

②种用花生脱壳工序更繁多，更复杂。脱壳后的种子须经过清选作业，剔除出破碎、损伤、霉变、虫蛀、微观（内部）伤害等不合格种子及其他杂物，以得到洁净的高质量种子。为利于后续播种工序获得适宜的播量和较高的穴粒合格率，清选后的种子应增加分级工序，确保种子外形尺寸均一。同时，脱壳设备须具有良好的操作方便性，内部应便于清理，不应有难以清除残留物的死角，以避免混种。因此，相较于油用和食用花生脱壳，种用花生脱壳作业质量要求更严格，工序更繁杂，难度也更大。这对花生种子生产相关技术提出了更高要求。

③种用花生脱壳作业时间集中。为保证种子质量，种用花生脱壳时间要与当地花生播种时间衔接紧密，应在播种前10d进行。因此，种用花生脱壳作业时间集中，时节性强。而花生的播种时间与当地自然条件、栽培制度和品种特性密切相关，要根据种植品种、耕作制度、栽培方法及土壤条件（如土壤质地、地温、墒情等）全面考虑，灵活掌握。中国由北向南典型地区春、夏花生脱壳播种时间见表5-2和表5-3。

表5-2　中国典型地区春花生适宜的脱壳、播种时间

种植地区	脱壳时间	播种时间
辽宁锦州	4月中旬	4月下旬
河北唐山	4月中旬	4月下旬
河北保定	4月中旬	4月下旬
山东烟台、潍坊、临沂	4月中旬	4月下旬
河南开封	4月中旬	4月下旬
江苏徐州	4月上旬	4月20日左右
安徽	4月上旬	4月中旬
四川南充	3月中旬	3月下旬
湖南邵阳	3月下旬	4月上旬
江西赣州	3月上旬	3月20日左右
福建泉州	2月下旬	3月
广西北部	3月下旬	4月初
广西南部	2月下旬	3月初
广东	2月下旬	3月上旬

表5-3　中国典型地区夏花生适宜的脱壳、播种时间

种植地区	脱壳时间	播种时间
辽宁锦州	4月中旬	4月下旬
河北唐山	5月中旬	5月下旬
河北保定	4月下旬	5月上旬
山东烟台、潍坊、临沂	4月中旬	4月下旬
河南开封	5月下旬	6月上旬
河南驻马店	5月下旬	6月上旬
安徽	5月中旬	5月下旬
四川南充	5月下旬	6月上旬
湖南邵阳	3月下旬	4月上旬
江西赣州	3月上旬	3月中下旬
福建泉州	7月中旬	7月下旬至8月上旬
广西	7月中旬	7月下旬至8月上旬
广东	7月下旬	8月上旬

5.2 种用花生机械化脱壳现状与问题

5.2.1 缺乏种用花生脱壳专用成套技术装备

种用花生脱壳应以保证种子较高的发芽率及活力为首要目标，在此前提下通过技术手段控制破碎率、损伤率以及提高脱净率。单一脱壳设备难以满足种用花生脱壳技术要求，需专用成套技术装备才能得以实现。目前，中国花生脱壳机生产制造厂家以及产品品种繁多，但产品多为食用及油用花生的单机加工脱壳装备，尚无种用花生脱壳专用的成套技术装备。

5.2.2 缺乏种用花生脱壳成套设备研究

目前，中国种用花生脱壳缺乏专用化、标准化、规范化的成套设备，加工质量难以保证。脱壳设备生产企业多注重食用、油用花生机械的制造生产，企业间仿制较多，技术重复现象普遍存在，技术创新较少；在种用花生加工配套设备方面尚缺乏种用花生专用去石、去杂、分级等相关设备的研发，与稻麦等粮食作物相比，研发力量差距悬殊。

5.2.3 缺乏种用花生脱壳工艺研究

种用花生脱壳质量优劣不仅与专用成套设备密不可分，还需与之相配套的工艺来保障。目前中国花生加工非常粗放，花生加工企业通常直接对花生进行脱壳，在花生脱壳加工工艺方面还缺乏系统研究，种用花生脱壳工艺研究尚属空白，远未达到标准化、精细化生产，无法满足种用花生脱壳技术要求。

5.2.4 现有花生脱壳设备存在的问题

目前市场广为应用的花生脱壳机为以打击揉搓为主的旋转打杆凹板筛式结构，且主要用于食用、油用花生的脱壳，其在技术性能和作业环节上还存在以下问题。

①品种适应性差，难以实现不同品种的高质量脱壳。

②粗制滥造、关键部件制造质量差。

③脱壳后籽仁破损率高、含杂率高、损失大，脱净率低。

④均无除尘系统，作业污染较大。

⑤部分产品少量生产，未经大规模生产考核，难以实现推广。

因此，现有设备难以满足种用花生机械化脱壳要求。种用花生脱壳还主要依靠人工，少部分采用油用、食用花生脱壳设备作业后进行人工挑选，费工费时，与供种时间集中以及规模化种植对种子需求的矛盾日益突出，严重影响了花生生产的经济效益和社会效益，制约了花生产业发展。

5.3 中国种用花生机械化脱壳技术路线

5.3.1 技术路线应考虑的主要因素

确定种用花生机械化脱壳技术路线应考虑的主要因素包括生产经营模式、物料特性、加工成套设备、脱壳工艺。

（1）生产经营模式

生产经营模式是种用花生机械化脱壳能否快速推进的关键。目前，生产上专用品种生产规模小及品种使用多、乱、杂的问题普遍存在，小规模种植农户多根据常年种植习惯自留品种，导致花生品种区域性差别明显，难以实现某一品种批量化生产；种植大户亦缺少专用种子繁育加工基地，更缺少种用花生脱壳企业。种子繁育研究单位、脱壳加工企业及种植农户之间行之有效的生产经营模式有待确立。

（2）物料特性

物料特性主要包括初始含杂率、形态特征、质构、含水率及力学特性、饱满度等，物料特性的差异均不同程度影响种用花生机械化脱壳质量。

①初始含杂率。初始含杂率及类型将直接影响脱壳质量。田间收获的花生可能含有茎秆、茎叶、泥块以及附在花生荚果表面的尘土，在后

期晾晒过程中还可能有石块等掺杂。石块、泥块等混在脱壳设备中，会与花生荚果以及脱壳后的籽仁产生撞击及挤压，从而影响脱壳质量，严重时可损坏设备。

②形态特征。荚果形态特征主要包括荚果形状、尺寸以及缩缢。不同品种形态特征差异较大。研究表明：针对同一结构脱壳设备，荚果形状及尺寸对脱壳质量影响较大。尺寸差异较大的荚果在脱壳时易破碎，较小的荚果难以脱壳，从而严重影响脱壳质量；斧头形和茧形花生荚果在脱壳前分级处理时，会造成严重堵塞现象，难以分级，从而给脱壳带来难度。此外，缩缢较深的花生在脱壳时易在缩缢处断裂，断裂面的锋利锐边与已脱壳的籽仁产生碰撞及摩擦，导致籽仁破损，严重时可致籽仁破碎，给种用花生机械化脱壳造成障碍。

③荚果质构、含水率及力学特性。花生荚果质构、含水率及力学特性是影响花生脱壳质量的重要因素。花生果壳由外果皮、中果皮、内果皮组成，主要由纤维素和粗纤维组成。果壳物理组织、含水率及厚度决定了其脆性、韧性及力学特性。果壳含水率越低，韧性越小、脆性越大、抗冲击能力越小，较小的形变即可使果壳破碎，有利于提高脱净率。但当含水率过低时，果壳硬度大，在脱壳过程中与脱壳舱内已脱出的籽仁产生揉搓、挤压，易使籽仁红衣破损，严重时造成籽仁破碎。随着含水率提高，果壳脆性降低而韧性增加，所需破壳力亦显著增加，不利于花生脱壳。

④荚果饱满度。花生荚果饱满度，即花生籽仁在荚果中的充盈程度亦影响花生脱壳效果。当花生荚果饱满度较大时，即果壳与籽仁间间隙较小，果壳在破碎变形时较易伤害籽仁，导致籽仁红衣破损甚至破碎，从而影响花生脱壳质量。

（3）种用花生加工成套设备

种用花生加工成套设备是保证种用花生加工质量的重要手段。成套设备主要包括以脱壳设备为主，去石、去杂、分级、精选、干燥等设备相配套的技术装备，其中脱壳设备是影响种用花生脱壳质量的关键。

1）脱壳设备

①脱壳设备结构形式。花生脱壳设备结构形式较多，就作业效果而言，以旋转打杆凹板筛式较优。因此，目前市场上广为应用的脱壳设备为旋转打杆凹板筛式花生脱壳设备，但该类型设备不同厂家的产品结构参数、运动参数差别较大，脱壳质量参差不齐。

②旋转打杆结构参数及运动参数。影响种用花生脱壳质量的打杆结构参数主要为旋转打杆数目，运动参数主要为线速度。打杆数目增加，相同转速下打击次数增加，从而对脱壳时破碎及脱净率产生影响；线速度较大时，导致破碎率增加，脱净率降低。

③凹板筛结构参数。旋转打杆式花生脱壳机多采用栅条式凹板筛，其结构参数主要为栅条间隙。栅条间隙较大时，荚果在受旋转打杆打击以及相互挤压时容易被挤出，导致脱净率低；栅条间隙较小时，脱壳后的籽仁在通过栅条间隙时易受到栅条挤压而产生破损或破碎，导致破碎率增加。

④旋转打杆与凹板筛组配间距。旋转打杆与凹板筛组配间距直接影响花生荚果分层情况以及荚果受打击及揉搓力的大小。旋转打杆与凹板筛间距较大时，处于中间料层及底层的花生荚果受揉搓及挤压较小，导致脱净率低；旋转打杆与凹板筛间距较小时，二者之间料层较薄，荚果受打击以及相互揉搓、挤压力较大，花生荚果果壳较易脱壳，同时也会造成籽仁破碎率加大。

2）其他配套设备

中国对种用花生加工成套设备的研究基本空白，尚无专用的种用花生去石、去杂、分级等配套设备。种用花生单一脱壳设备难以实现脱壳技术要求，因此在研究种用花生脱壳设备的同时，还应系统考虑筛选研发与种用花生脱壳技术设备相配套的其他设备。相关内容可参见3.3.3。

（4）脱壳工艺

系统完善的脱壳工艺是种用花生脱壳质量的重要保障，也是实现种用花生脱壳标准化、精细化生产的前提。脱壳前预处理、复式脱壳、脱壳后精选分级、干燥、包衣、包装等均影响种用花生质量。

5.3.2 中国种用花生脱壳技术路线思考

结合市场系统调研、专家研讨以及试验研究情况，针对中国种用花生机械化脱壳现状，先易后难，从关键环节、重点问题入手，分步攻克、逐步推进，农机与农艺融合，提出发展中国种用花生机械化脱壳技术路线。

（1）积极探索种用花生生产经营模式

针对目前小规模种植造成的品种多、乱、杂的问题，大规模种植农户缺乏专用种子繁育基地的情况，科研单位、生产企业、种植农户应建立适用的生产经营模式，可采用"良种繁育科研单位+种用花生脱壳加工企业+种植大户"的经营模式，良种繁育科研单位与种用花生脱壳加工企业协作配合，形成"育繁加销"一体化模式，首先解决种植大户的供种问题。种植大户辐射带动小规模种植农户采用统一品种，逐步解决花生品种多、乱、杂的问题，推动种用花生机械化生产顺利进行。

（2）加强农机农艺融合

花生荚果的品种特性是影响机械化脱壳作业质量的关键因素。中国花生品种繁杂，品种间特性差异巨大，品种多样性及对机械化脱壳的不适应性是当前种用花生机械化生产的一大障碍。长期以来，花生新品种的选育以高油、高产为导向，较少考虑对机械化脱壳作业的适应性。因此，加强农机农艺融合，以适合机械化脱壳和高油、高产的综合指标为导向，从花生荚果外形、缩缢、饱满度、籽仁大小等方面综合考虑，选育出花生荚果外形规则一致、果壳脆性较大、籽仁大小均匀、缩缢及饱满度适中的花生品种，是解决机械化脱壳问题的关键。

（3）选择适宜种用花生脱壳加工工艺

脱壳之前应首先对花生物料进行去石、去杂、分级、调湿等预处理。预处理后应根据花生种子尺寸大小合理选择脱壳设备结构参数和作业参数进行小批量试脱，根据试脱质量优化确定结构参数和运动参数及是否采用复脱。

脱壳后种子加工处理是提高种子质量、促进增产增收的重要手段。种用花生机械化脱壳后应精选加工，去除脱壳后破碎、损伤种子、秕果、霉变及虫蛀种子，并进行相关加工处理，以提高种子质量。种用花生机械化脱壳不可一蹴而就，建议采用"预处理—脱壳—脱壳后精选加工"的工艺。种用花生机械化加工工艺流程见图5-1所示。

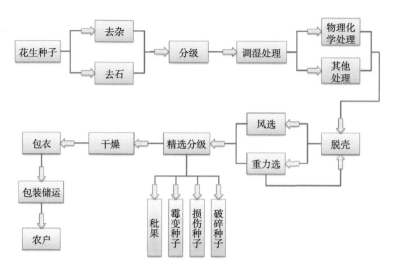

图5-1　种用花生机械化加工工艺流程

（4）集成种用花生脱壳成套设备

种用花生脱壳加工是一项系统工程，需品种、工艺及设备三者有机结合。除需重点开展种用花生专用脱壳设备关键参数试验研究外，还应针对目前市场上缺乏专用的去石、去杂、分级、脱壳等相关设备现状，积极在现有技术设备基础上筛选适用的设备，并结合实际作业情况进行优化改进与性能提升。根据种用花生脱壳技术发展之急需，现阶段应着重开展种用花生荚果脱壳专用设备、花生荚果高效分级设备、脱壳后分选设备的筛选及研究工作。

5.4　小型种用花生机械化脱壳技术装备设计与试验

针对目前中国尚无种用花生机械化脱壳设备，脱壳作业主要依靠人工的现状，农业农村部南京农业机械化研究所正致力于种用花生脱壳部件、脱壳方式技术攻关与创新，研制了6BH-100型小型种用花生脱壳机，并开展相关试验研究。

5.4.1 小型种用花生机械化脱壳技术装备设计

（1）工作原理及工作过程

6BH-100型小型种用花生脱壳机主要由脱壳仓、脱壳滚筒、凹板筛、去杂风机、驱动电机、传动系统、机架等组成，总体结构如图5-2所示。作业时，电机驱动脱壳滚筒及去杂风机，物料经由进料口进入脱壳仓后，在转动的滚筒和凹板筛打击揉搓作用下，果壳开裂破碎，实现籽仁与果壳分离，完成花生脱壳工序。脱壳后包含花生种仁、花生果壳及少量未脱壳荚果混合物在沿上导料板滑落至下导料板的过程中，通过清选风机口时，较轻的花生果壳被分离清选排出设备，而花生籽仁及少量未脱壳荚果经导料板进入集料筐，完成清选分离工序。

为获得较好的作业质量，物料喂入速度可调节挡板开度进行控制，以便获得所需的喂料速度；设备采用开式脱壳滚筒，根据不同花生品种可调整滚筒与凹板筛间隙，滚筒转速由单独的电机驱动，通过变频器也可快速调整；脱壳打杆采用柔性聚氨酯材料，在保证脱壳的前提下柔性聚氨酯材料可显著减轻打杆对花生种子的打击力度，在获得较高脱净率的同时大幅降低破损率；凹板筛采用栅条形式，为进一步减轻脱壳过程对花生种子的损伤，凹板筛栅条外包覆聚氨酯材料，与柔性打杆配合，最大限度降低作业过程对花生种子的打击力度，以利于获得更好的作业质量，满足花生育种脱壳对脱壳作业的高要求；设备清选风机由另一台电机单独驱动，与脱壳滚筒不联动，因此可按照不同作业工况实时调整转速，以获得较好的清选效果；为便于脱壳仓内部清理以及调整脱壳间隙，设备脱壳仓与机架采用铰链连接，方便开合，同时凹板筛与机架采用抽屉式推拉悬挂的连接方式，可从脱壳机侧向抽取，实现凹板筛快速更换与清理，既有利于提高设备对花生荚果尺寸的适应性，又便于作业后对脱壳机内部进行清理，避免不同花生品种的混杂。

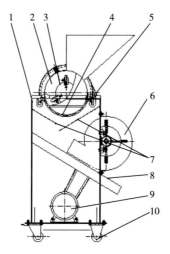

1.机架；2.脱壳仓；3.脱壳滚筒；4.凹板筛；5.凹板筛导轨；6.清选风机；
7.上导料板；8.下导料板；9.脱壳滚筒驱动电机；10.转移地轮

图5-2　6BH-100型小型种用花生脱壳机结构

（2）关键部件设计

①脱壳滚筒。脱壳滚筒是花生脱壳设备的主要作业部件，也是影响脱壳作业质量的核心部件之一。花生脱壳滚筒结构形式较多，主要有旋转打杆式、直板橡胶滚筒式、立式滚筒、凹板橡胶滚筒式、橡胶浮动式等。就作业效果而言，旋转打杆式较优。因此，目前市场上应用较为广泛的脱壳设备多采用此类型脱壳滚筒。按照滚筒是否封闭，其结构形式又可分为开式和封闭式两种。为便于调整脱壳滚筒与凹板筛之间间隙，本设计采用开式滚筒，其主要由转轴、脱壳圆盘、聚氨酯打杆、打杆支撑板等组成，结构形式如图5-3所示。滚筒打杆采用柔性聚氨酯材料，可有效缓冲脱壳作业时对花生种子的刚性冲击，有效降低脱壳损伤率。同时，通过调整螺栓可改变滚筒半径，调节滚筒与凹板筛间隙，提高脱壳设备对花生外形尺寸的适应性，利于获得更好的作业质量。

脱壳滚筒直径、长度、打杆数量、脱壳间隙等结构参数同样影响脱壳作业质量。当滚筒转速一定时，直径越大，其生产率越高。同时，滚筒线速度也越高，作业时对花生种子的打击力度也越大，使得脱净率升高，但破碎率和损伤率上升。反之，破碎率和损伤率下降，脱净率也同时降低。滚筒直径选取150～190mm，可调。

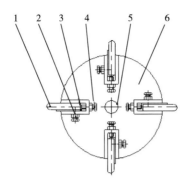

1.聚氨酯打杆；2.紧定螺栓；3.打杆支撑板；4.调整螺栓；5.转轴；6.脱壳圆盘

图5-3 脱壳滚筒结构

滚筒长度也对生产率有影响，在满足育种花生脱壳生产率的前提下，减小滚筒长度还可减小脱壳设备外形尺寸，利于设备小型化以及场上转移。本设计取滚筒长度为200mm。

对于打杆数量的选取，目前市面上脱壳设备通常为2~4个。脱壳打杆数量不宜过多，当打杆数量超过一定数量，试验发现花生荚果随着打杆一同旋转而无法正常脱壳。为确保脱壳作业质量，本着"降低打击力度，增加打击次数"的原则，打杆数量选定为4个。

滚筒与凹板筛之间的脱壳间隙直接关系到脱壳质量的效果，是关键的结构参数，直接影响花生荚果分层情况以及荚果受打击、挤压及揉搓力的大小。最佳的脱壳间隙值与脱壳花生的品种、特性、状态等有关，前期试验表明，当脱壳间隙减小至约20mm时，破碎率和损伤率急剧增加，无法满足育种脱壳要求；而当脱壳间隙增加到约40mm时，则脱净率大幅降低，同样无法达到要求。因此，本设计中脱壳间隙为20~40mm可调。

脱壳作业是借助打杆旋转，并与凹板筛配合，对花生荚果施加复杂的打击、挤压、揉搓等机械作用力的过程，因此滚筒转速是最为重要的运动参数，其转速大小决定了作业过程的机械作用力大小。转速较大时，对荚果打击力大，荚果脱净率高，但破碎率和损伤率增加。反之，它将显著降低脱净率。要满足育种脱壳对脱壳质量的要求，滚筒转速应较常规脱壳设备适度降低。试验研究表明，作业线速度一般控制在

2.3～3m/s。而滚筒直径在150～190mm可调，因此滚筒转速可由滚筒直径、滚筒转速及脱壳打杆线速度之间的关系式（5-1）确定。

$$n = \frac{60v}{\pi D} \times 1000 \qquad (5-1)$$

式中：n——滚筒转速，r/min；

v——脱壳打板线速度，m/s；

D——滚筒直径，mm。

由此确定滚筒转速为230～380r/min，滚筒由单独的电机驱动，转速经由变频器可实现无级调速。

②凹板筛。凹板筛是花生脱壳设备的关键部件，其作用是阻滞花生荚果并与脱壳滚筒共同作用，实现脱壳作业。凹板筛需要对花生荚果有一定阻滞作用，以达到脱壳的目的，同时又需要有良好的通过性，以便花生种仁快速通过筛面，减少其在脱壳仓内的滞留时间，降低破碎率和损伤率。目前，花生凹板筛通常有编织筛、冲孔筛、栅条筛3种形式。

相较于编织筛和冲孔筛，栅条筛在保证实现脱壳的前提下具有较好的通过性，同时又有足够的刚性。因此，栅条筛的形式最为常用。本设计也采用栅条筛的形式，并在栅条外包覆了柔性聚氨酯层，以进一步降低脱壳作业对种仁的损伤。栅条采用直径为4mm的圆钢，两侧为厚度4mm的弧形侧边，栅条两端穿过侧边圆孔后采用螺母紧固，确保凹板筛间隙的均匀性。在此基础上，凹板筛与机架采用抽屉式推拉悬挂的连接方式，可从脱壳机侧向抽取，便于凹板筛快速更换以及作业后对脱壳机内部进行清理，避免不同花生品种的混杂。为适应不同花生品种脱壳作业，设置凹板筛间隙为7～14mm的多种规格，以便更换。凹板筛结构如图5-4所示。

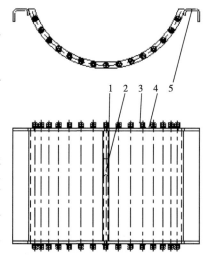

1. 聚氨酯层；2. 筛条；3. 螺母；
4. 侧边；5. 凹板筛导轨

图5-4　凹板筛结构

③清选部件。清选部件是脱壳设备的重要组件，可完成脱壳后花生种仁与破碎果壳等杂质分离清选工作。本设计的清选系统包括上、下导料板以及清选风机。花生荚果经过脱壳仓实现脱壳后，包含花生种仁以及花生果壳的混合物落至上导料板，并沿倾斜板面向下滑落形成料帘，在通过清选风机口时，较轻的花生果壳被分离吹出，而花生种仁及少量未脱壳荚果落至下导料板进入集料筐。

风机采用离心式清选风机，结构形式如图5-5所示。为获得较好的清选作业效果，风机由单独的电机驱动，依照花生品种、物料状态等的不同，可依照实际作业情况由变频器快速调整转速。前期试验表明，清选风机风速介于5～9m/s时，清选效果较好。一般农用清选风机的叶片数量取4～6片，本设计对风压要求不高，取4片。为避免花生种仁在下落过程中造成损伤，上下导料板均覆盖硅胶缓冲薄层。

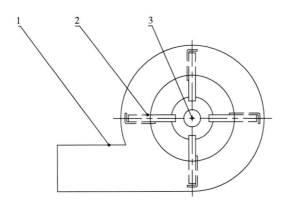

1. 风机蜗壳；2. 风机叶片；3. 转轴

图5-5　清选风机结构

5.4.2　小型种用花生机械化脱壳技术装备试验

（1）试验物料

试验所用花生为白沙品种，该品种荚果为茧形，多为双籽仁。试验前对花生荚果进行清选，剔除杂物，随后进行分级处理。试验物料几何尺寸见表5-4。

表5-4 试验物料几何尺寸 （单位：mm）

试验物料	长	宽	厚
荚果	27 ~ 45	11 ~ 15	11 ~ 13
籽仁	12 ~ 16	9 ~ 10	8 ~ 9

（2）试验考核指标

试验以破损率及脱净率为考核指标，分别通过式（5-2）、式（5-3）计算。各试验重复3次，取平均值，参照标准JB/T 5688.2—2007《花生脱壳机 试验方法》开展试验并查样。

$$R_1 = \frac{w_1}{w + w_1 + w_2} \qquad (4\text{-}1)$$

$$R_2 = \frac{w + w_1 + w_2}{w + w_1 + w_2 + w_3} \qquad (4\text{-}2)$$

式中：w——完整纯仁重，g；

w_1——破碎仁重，g；

w_2——损伤仁重，g；

w_3——未剥开果的仁重，g。

（3）试验方法及结果

采用单因素试验研究了滚筒转速、凹板筛间隙和脱壳间隙对破损率和脱净率的影响。在单因素试验的基础上，选取各因素的合理区间进行正交试验。通过正交试验，分析了3个因素对损伤率和脱净率的影响，得到最佳条件。

1）单因素试验

①不同滚筒转速对脱壳质量的影响。根据预备试验结果，将凹板筛间隙和脱壳间隙分别设为9mm和26mm，通过振动给料器对脱壳仓料斗均匀供料，使进料量保持在1.7kg/min。在不同的滚筒速度下进行滚筒速度的单因素试验。从图5-6可以看出，破损率与脱壳滚筒速度是非线性的。当转速为280r/min时，破损率最低。在一定的进料量下，滚筒转速

过低会导致花生荚果不能及时脱壳，花生滞留会增加花生的破损率。随着脱壳滚筒转速的增加，脱壳滚筒对花生荚果的作用频率增加，速度越高，脱净率越高。

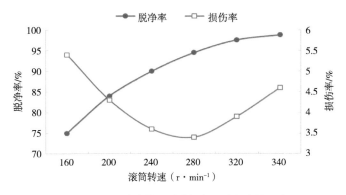

图5-6　不同滚筒转速对破损率和脱净率的影响

②不同凹板筛间隙对脱壳质量的影响。滚筒转速由变频器设定为280r/min，脱壳间隙和进料量保持不变。通过改变凹板筛间隙，开展单因素试验，研究不同凹板筛间隙对脱壳质量的影响。如图5-7所示，随着凹板筛间隙的增大，凹板筛对花生荚果的阻滞作用减小。易产生花生荚果通过凹板筛而未脱壳的情况，降低了脱净率。同时，由于花生籽仁在脱壳仓中停留时间短，不易损坏，损伤率相应降低。

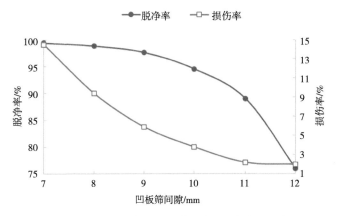

图5-7　不同凹板筛间隙对破损率和脱净率的影响

③不同脱壳间隙对脱壳质量的影响。滚筒转速设定为280r/min凹板

筛间隙和进料量保持不变。通过改变脱壳间隙，开展单因素试验，研究不同脱壳间隙对脱壳质量的影响。从图5-8可以看出，损伤率随着脱壳间隙的增加而降低。这主要是因为当间隙增大时，滚筒对花生籽仁的作用力减小，籽仁不易破碎。脱净率随脱壳间隙的增大而减小，说明当脱壳间隙较大时，滚筒与凹板筛之间填充的花生较多。花生脱壳是通过滚筒的旋转相互挤压，而不是滚筒直接作用在花生上，从而降低了脱净率。

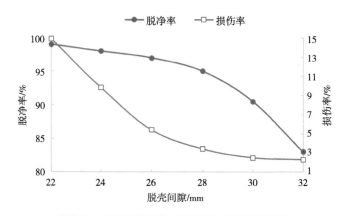

图5-8　不同脱壳间隙对破损率和脱净率的影响

2）正交试验

在单因素试验的基础上，以脱壳滚筒转速、凹板筛间隙以及脱壳间隙3个因素进行3因素3水平正交试验，因素水平表如表5-5所示，试验中分别测定籽仁破损率以及脱净率。

表5-5　花生脱壳正交试验因素和水平

因素	A滚筒转速/（r·min⁻¹)	B凹板筛间隙/mm	C脱壳间隙/mm
水平1	240	9	26
水平2	280	10	28
水平3	320	11	30

正交试验结果及分析见表5-6。

表5-6　正交试验结果

序号	A 滚筒转速/（r·min^{-1}）	B 凹板筛间隙/mm	C 脱壳间隙/mm	破损率R_1/%	脱净率R_2/%
1	1	1	1	3.84	97.19
2	1	2	2	2.41	96.47
3	1	3	3	1.92	94.94
4	2	1	2	2.78	97.15
5	2	2	3	2.58	96.63
6	2	3	1	2.36	97.01
7	3	1	3	3.23	97.76
8	3	2	1	3.12	97.88
9	3	3	2	2.18	96.87

		A	B	C
破损率/%	k_1	2.72	3.28	3.11
	k_2	2.57	2.70	2.46
	k_3	2.84	2.15	2.58
	R_1	0.27	1.13	0.65
	较优水平		$B>C>A$	
	主次因素		$A_2B_3C_2$	
脱净率/%	k_1	96.20	97.37	97.36
	k_2	96.93	96.99	96.83
	k_3	97.50	96.27	96.44
	R_2	1.30	1.09	0.92
	较优水平		$A>B>C$	
	主次因素		$A_3B_1C_1$	

由极差分析可知，各因素对于破损率影响的主次顺序为$B>C>A$，较优组合为$A_2B_3C_2$；各因素对于脱净率影响的主次顺序为$A>B>C$，较优组合为$A_3B_1C_1$。对于种用花生种子而言，由于其品种多且每一品种用量小，因此应首先保证脱壳破损率在较低水平，适当放宽脱净率要求，未脱净的种子可更换间隙小的凹板筛进行二次脱壳。通过综合比较分析，采用组合$A_3B_3C_2$即滚筒转速320r/min，凹板筛间隙11mm，脱壳间隙28mm开展试验，试验所的破碎率为2.18%，脱净率为96.87%，各项技

术指标均优于标准要求。

3）结论

①针对花生用种的特殊要求，设计了种用花生柔性脱壳机。各技术参数的调整简单方便，更换凹板筛也方便，操作后可方便清理脱壳仓内部。

②采用单因素试验方法，研究了脱壳滚筒转速、凹板筛间隙和脱壳间隙对破损率和脱净率的影响。在单因素试验的基础上，利用正交试验分析各因素的影响效果。损伤率的影响因素依次为：凹板筛间隙>脱壳间隙>脱壳滚筒转速。影响脱壳率的因素依次为：脱壳滚筒速度>凹板筛间隙>脱壳间隙。最佳参数组合为：脱壳滚筒转速320r/min，凹栅间隙11mm，脱壳间隙28mm。最终损伤率为2.18%，脱壳率为96.87%。各项技术指标均优于标准要求。本研究为花生种用脱壳设备的创新开发和优化提供了理论依据和参考。

参考文献

冯国生，吕振通，胡博，等.2011.SPSS统计分析与应用[M].北京：机械工业出版社.

高学梅，胡志超，王海鸥，等.2012.打击揉搓式花生脱壳试验研究[J].中国农机化（4）：89-93，27.

高学梅，胡志超，谢焕雄，等.2011.打击揉搓式花生脱壳机脱壳性能影响因素探析[J].花生学报，4（3）：30-34.

高学梅.2012.打击揉搓式花生脱壳试验研究与关键部件优化设计[D].北京：中国农业科学院.

胡志超.2017.花生生产机械化关键技术[M].镇江：江苏大学出版社.

李建东.2017.花生脱壳装置的试验研究[D].青岛：青岛农业大学.

刘玉兰.2017.现代植物油料油脂加工技术[M].郑州：河南科学技术出版社.

刘玉兰.2009.油脂制取与加工工艺学[M].北京：科学出版社.

吕小莲，胡志超，于向涛，等.2013.花生种子挤压破碎机理的试验研究[J].华南农业大学学报，34（2）：262-266.

宋作锋，常有山，杨磊.2010.对中国花生剥壳机脱壳机构的研究[J].农业机械（23）：72-74.

王建楠，谢焕雄，胡志超，等.2015.复式花生脱壳机振动分选装置试验及参数优化[J].江苏农业科学，43（2）：365-370.

王建楠，谢焕雄，胡志超，等.2018.滚筒凹板筛式花生脱壳机关键部件试验研究及参数优化[J]江苏农业科学，46（14）：191-196.

王建楠，谢焕雄，刘敏基，等.2012.打击揉搓式花生脱壳设备作业质量制约因素与提升对策[J].中国农机化（1）：57-59，64.

谢焕雄，彭宝良，张会娟，等.2010.中国花生加工利用概况与发展思考[J].中国农机化（5）：46-49.

谢焕雄，彭宝良，张会娟，等.2010.中国花生脱壳技术与设备概况及发展[J].江苏农业科学（6）：581-582.

谢焕雄，王建楠，胡志超，等.2012.中国种用花生机械化脱壳技术路线[J].江苏农业科学，40（10）：356-358.

薛然.2015.花生荚果圆筒筛筛分特性研究与参数优化[D].北京：中国农业科学院.

禹山林.2008.中国花生品种及其系谱[M].上海：上海科学技术出版社.

周裔彬.2014.粮油加工工艺学[M].北京：化学工业出版社.

BUTTS C L，SORENSEN R B，NUTI R C，et al.2009.Performance of Equipment for In-Field Shelling of Peanut for Biodiesel Production[J].Transactions of the ASABE，52（5）：1461-1470.

GUZEL E，AKCALI I D，MUTLU H，et al.2005.Research on the Fatigue Behavior for

Peanut Shelling[J]. Journal of Food Engineering，67（3）：373-378.

HIROYUKI DAIMON. 2004. Overview of Groundnut Production in Japan-recent Developments in Varietal Improvement and Its Future[J]. Journal of Peanut Science，33（2）：7-10.

NORDEN A J. 1975. Effect of Curing Method on Peanut Seed Quality[J]. Peanut Science，2（1）：33-37.